當
快樂腳
不再快樂
一認識全球暖化

汪中和 著

五南圖書出版公司 印行

序

　　世界的人口在 2011 年 10 月底終於突破 70 億大關，開啓了新的里程。1950 年時，世界人口還不過 25 億，短短 60 多年，人口又增加了 45 億，不但地球環境的壓力驟增，我們面對的挑戰也日益困難。人口增加快速還不是我們最大的問題，最麻煩的是人類面對環境的輕忽態度，以及不珍惜有限資源的貪婪行爲。

　　工業革命後，科技能力的提升及過度耗用資源，人類正在以不可思議的方式，在根本的改變地球維持生命的生態系統。舉目所見，汙染日益嚴重、資源日益減少，從空中、陸地到海洋，生態環境持續惡化，貧困和艱難不斷加劇，環境危機增加的速率比我們能控制管理的速率更快。

　　現今在地球的任何角落，不論大國、小國、強國、弱國，都可以感受到劇烈天氣變化所帶來的影響。隨著溫室氣體在大氣層的濃度快速攀升，地表熱能不斷累積，近年

全球各地開始不停出現破紀錄的地震、海嘯、暴風雪、強烈颱風、嚴重乾旱、高溫酷暑、大洪水等環境急遽變遷現象，人類生存及社會穩定正一次又一次面臨嚴峻的考驗。

這些現象顯示：人類在環境開發和資源管理上的雙重失敗，從而使得地球正經歷一個劇烈變遷的時期，這是過去地球歷史所沒有的，也是人類自己所造成的錯誤，我們必須快速的回頭及改變。

希望這本小書能夠幫助讀者對當前的氣候暖化有進一步的了解，體認目前嚴峻的環境危機，改變我們的觀念與思維，更重要的，必須帶出有效的行動，珍愛我們的地球，恢復原本和諧平衡的生態循環，讓我們及以後的世世代代都能夠快樂又健康的生活下去。

目　錄

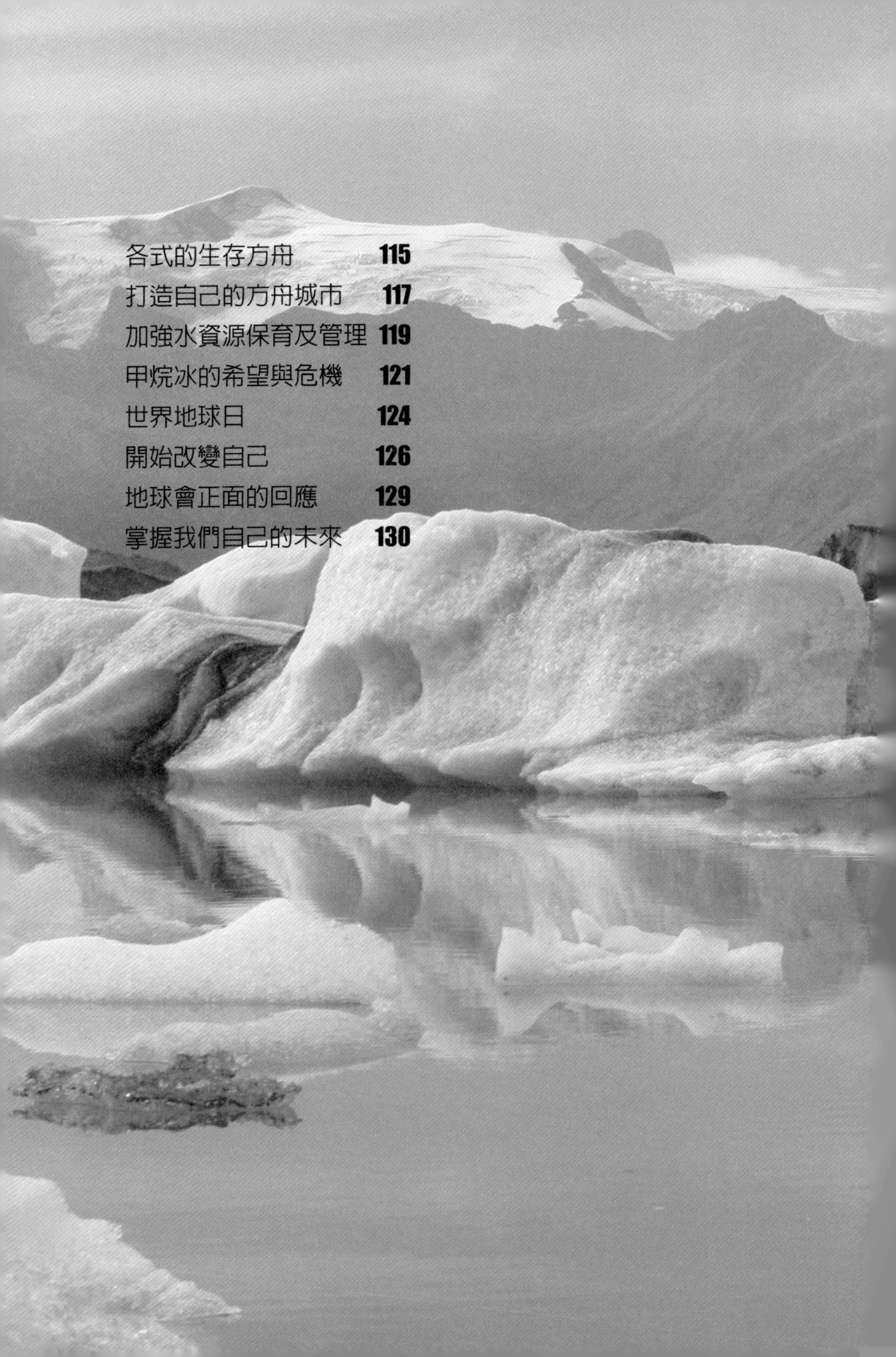

壹 認識我們的家園

珍愛地球家園

圖 1-1　地球有如珍珠，是人類共同的寶貝，我們一定要好好珍惜愛護。

　　地球原是人類及其他生物的共同家園，但是由於我們的貪婪自私，已經對地球造成了嚴重的破壞。生物賴以生存的森林、湖泊、溼地等，正以驚人的速度消失；煤炭、石油、天然氣等不可再生的能源因過度開採而逐漸枯竭；能源使用所排放的大量溫室氣體導致全球地表快速升溫，從而引發最嚴重也最急迫的威脅有：氣候快速變遷、水資源缺乏、糧食不足、熱帶雨林及溼地消失、海洋酸化、海平面上升和生態多樣性遞減等。雖然每一種威脅所造成的破壞都相當嚴重，但累積在一起更會導致全球生態環境加速崩解，並使地球上的生物步向滅絕的方向。因此目前人類所面臨的環境危機是空前的；更可怕的是，環境危機發生的速率正在增高，我們可以因應的時間已經越來越短。

1

　　從世界的環境趨勢及變局觀察，地球上的人類所面臨的是一個不可避免的高溫未來，也是一個難以掌握的明天。氣候及環境的變化幅度將可能會超過人類及大部分生物所能承受的範圍，影響的層面將涵蓋地球上每一個國家、每一個人及每一種生物，這是一個典型的普世性危機。

　　就氣候變化的性質和規模來看，世界上沒有任何一個國家可以單靠自身的力量來面對這個挑戰，也沒有任何一個區域能夠逃避極端氣候變化的影響；人類需要在全球的架構下，共同攜手合作來因應極端氣候變化的衝擊，溫室氣體減量及環境保育工作已成為這個世紀無可逃避的趨勢。

 ## 不斷變遷的地球環境

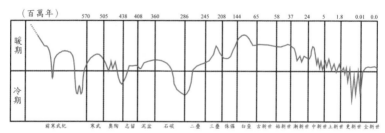

圖 1-2　地球自古以來氣候就不斷變化，但是近期的變化型態與以往截然不同。

資料來源：本圖重繪自《科學的美國人》（*Scientific American*）1994 年 10 月號，48-49 頁附圖。

　　從化石紀錄觀察，地球的形成與演進是非常獨特的、是單向的、有目標的，可說是十分精巧、奇妙。

　　地球是先有陸地，再匯聚海水，接著有植物、動物，最後才有人類的出現。自地球形成以後，絕大部分的時間裡，地球的氣候都相對偏暖，酷寒的冰期環境相對較少。特別是進入中生代（也就是恐龍時代，約為兩億年前）

後，地球一直維持高溫潮溼的環境，醞釀出繁盛的生物相，成為今日我們使用化石燃料的重要形成時期。

人類能夠踏上地球的舞台，完全是靠地球在新生代末期所形成的獨特環境與氣候才能存在，也因此才能穩定的發展獨特的文明與科技。

地球是運作完善的系統，有各種的循環圈，例如碳、氮、氧、硫及水文的循環，週而復始，使得萬物生生不息。

我們的地球家園，除了物理世界的井然有序外，最令人驚嘆的就是生命圈的繁華與美麗；而所有的生命能夠展現多彩多姿的特性，又完全仰賴井然有序又配合無間的地球系統。

 ## 交互出現的冰期及間冰期

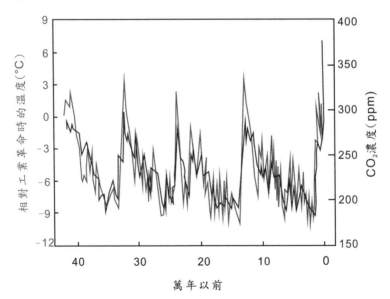

圖 1-3　冰期與間冰期交互變化，與大氣層的溫室氣體含量關係密切。

本圖修改自網頁：http://www.ngdc.noaa.gov/paleo/icecore/antarctica/vostok/vostok.html

　　地球近百萬年來的氣候，演化出以十萬年為周期的冰期及間冰期交互出現，也是人類登上地球舞台的重要推手。

　　能有這樣獨特的氣候變化，是由於地球約在六千五百萬年前有了一個極大變動，結束了恐龍時代的高溫環境，因而牽動大氣與海洋的連動變化，才能在三千五百萬年前形成了南極冰原。接續不斷的板塊漂移作用，使得印度次大陸撞上了歐亞大陸，造就了高聳的喜瑪拉雅山，最後在三百萬年前出現北冰洋以及格陵蘭冰原。由於這三個地球的極區相繼形成，地球氣候的變化才演化出十萬年的周期性變動。

　　冰期及間冰期的交替出現，一方面調節海洋與大氣的互動，也改變生物圈的組成，將對人類具有威脅性的大型動物逐一淘汰，人類因而可以安穩的踏上地球的舞台。

　　而氣候反覆變化進一步也推動人類演進，冰期寒冷的氣溫導致海平面大幅下降，使得人類得以邁過大陸之間的陸橋，探索新大陸，擴散到全世界。同時，低溫寒冷的環境也迫使人類在艱困的環境下學習相互合作，努力發展農業技術，從而能夠為生存提供穩定的糧食供應，並開始拓展文明與科技。

　　因此，人類的演進和氣候變化在過去數十萬年的時間裡，是密不可分的。

奇妙的大氣層

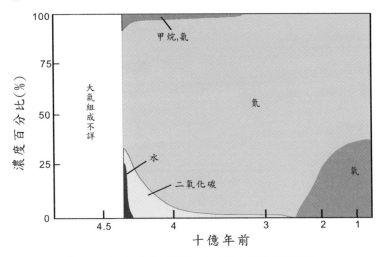

圖 1-4　大氣層的奇妙演進，是人類生存的重要憑藉。

資料來源：本圖重繪自《科學的美國人》（*Scientific American*）1994 年 10 月號，50 頁附圖。

　　從四十六億年以來大氣層的演進來觀察，地球在古生代以前的大氣層的組成與濃度與現在是十分不同的。

　　地球剛開始形成時，大氣中充滿著氮氣、二氧化碳、水蒸氣及甲烷等氣體，完全沒有生物存在的條件。隨後水蒸氣凝結降落，在地形成原始海洋，不但降低了高熱的地表溫度，並開始有了極原始的藍綠藻類生物，將二氧化碳及甲烷逐漸從大氣層移除到海洋及地層裡，二氧化碳及甲烷在大氣中的濃度快速降低。

　　約二十五億年前，海洋生物大量繁衍，藉著光合作用，製造出大量氧氣，從此大氣層就逐漸形成以氮氣及氧氣為主的組成，並包含氬、二氧化碳、甲烷、氧化亞氮等微量氣體，直到如今。

　　地球的大氣層也是生物圈的重要保護罩，不但不會攔

阻生命所需要的陽光與熱能，也能將熱能透過大氣的流動
送到地球每個角落。而高空平流層還有臭氧層，可以吸收
致命的紫外線，且臭氧含量還會隨紫外線的強度調整，十
分靈活。

 ## 人類改變了大氣組成

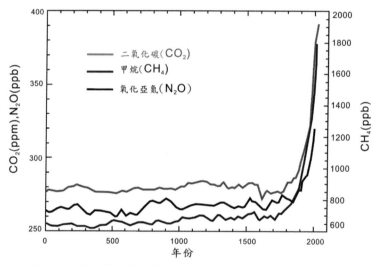

圖 1-5　人類改變了大氣層精準的組成，也帶來想像不到的災難。
本圖重繪自：聯合國政府間氣候變化委員會（IPCC）2007 年評估報告，並更新到 2010 年。

　　當人類在地球上出現的時候，大氣層裡的組成主要是
氮氣及氧氣，還有極少量的其他氣體。例如，二氧化碳的
濃度是以百萬分之一的尺度去衡量，而甲烷、氧化亞氮更
以十億分之一的尺度來表示。

　　自工業革命後，人類大量釋放溫室氣體到大氣層，不
但二氧化碳、甲烷、氧化亞氮等微量氣體的濃度急遽飆
升，甚至還加上了許多大氣層原本不存在的氟氯碳化合物
等人造的溫室氣體。

自此以後，人類竟以想像不到的方式，改變了大氣、海洋、陸地的溫度結構；地表的熱能分布，也在百年到千年的尺度內，改變了地球的氣候，甚至是生態環境。

溫室氣體與氣候變化的關係

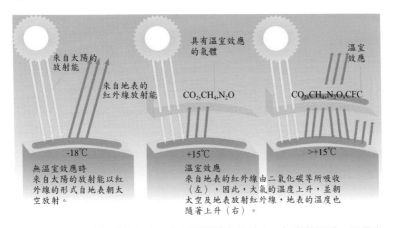

圖 1-6 　適量溫室氣體的存在，有如厚薄適中的外衣，包裹著地球；但是人為增加的溫室氣體含量太多、太急，使得地球有如披上一件厚重的外套，無法有效的散熱。

工業革命後，人類科技大幅躍進，將數億年來埋在地裡的石油、煤及天然氣開發出來使用，也把整個大氣層裡的溫室氣體濃度做了一個根本的改變。我們駕駛汽車、開發森林、提升工業生產，把這些溫室氣體不斷的從地表排放到空氣裡面去；自此以後，我們的大氣層裡面不論是二氧化碳、甲烷跟氧化亞氮的濃度，都因為使用化石燃料而增高，以致空氣裡溫室氣體的濃度在短短時間裡增加得非常快。

這個情況好比一個人在吃到飽的自助餐廳，因為可以盡情的去吃，所以會努力的把食物裝到胃裡面去。可是

通常裝食物的時候，會花很長的時間，吃一個鐘頭、兩個鐘頭，甚至會吃到三個鐘頭；可是今天我們地球大氣層裡溫室氣體累積的速度就不像我們吃飯這樣子，可以慢慢的累積；它卻是在很短的時間快速的增加。過去需要一萬年時間才可以累積的，現在兩百年的時間就到位了。它整整增快了一百倍，就像我們本來一個鐘頭可以吃掉的食物，現在叫我們在五分鐘裡面要灌到胃裡面去，我們的身體當然會吃不消，會激烈的反應，會嘔吐，整個身體的功能也會失常。

過去它要一萬年以上才增加的幅度，現在兩百年的時間就達到，整個地球系統原來的設計根本沒有辦法在短時間內去消化這麼大、這麼強的衝擊，因而地球就開始激烈的反應。

地球現在經歷的就是如此，在很短的時間，它經歷了溫室氣體濃度急速的增加，地表的熱能快速的累積，等於是說突然發了高燒一樣。地球現在正在想辦法藉著可以使用的方式，大氣激烈的運行、海洋快速的流動，甚至於接下來它會藉著板塊的運動（板塊的運動就是火山與地震），想辦法把累積在地球表面的熱能消除掉。這就是人類現在面臨的一個非常大的困境；這困境就是因為我們把整個地球環境的精巧平衡改變了。

千年來地球溫度的起伏

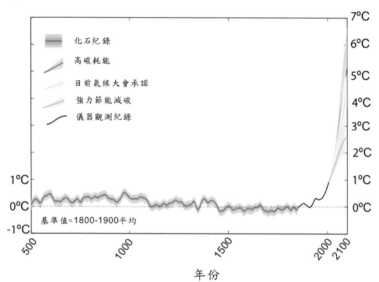

圖 1-7　一個高溫的未來，是人類犯下的致命錯誤，也改變了人類的未來。
本圖修改重繪自：聯合國政府間氣候變化委員會（IPCC）2007 年評估報告。

　　圖 1-7 表示了我們過去與未來所經歷的變化，也就是從西元 500、1000、1500 年……一直到現在，地表溫度的變化。

　　在公元 600 到 1100 年間，地球有一段時間很暖，叫中世紀的暖期，那段時間是中國的唐宋時代，一般氣候非常的暖和，國家的國力比較強；接下來從 1500 到 1800 年有個小冰期，這個小冰期就是地表溫度降低，全球氣候開始變得比較冷，同時因為比較冷，影響農業生產，有很多的地方收成不好。以中國來說，剛好是明清的時代，尤其是明朝的末年，由於天氣的變化帶來大規模的乾旱，非常不利於耕種，到處都歉收。而明朝末年政府又非常的腐敗，沒有辦法去應付這種大規模糧食不足的問題，社會因

而動盪不安，到處都有農民起義，要吃東西；明朝政府就因此而覆亡，由清朝取而代之。

所以氣候變化在歷史的時空裡，給世界各處帶來很多的改變，甚至於造成一個政權的消亡與取代。但就算這樣的氣候變化，地球的平均溫度高也只不過高 0.5 度，低還不到 0.5 度。尤其是在上次小冰期的時候，整個英國的泰晤士河在冬天的時候，表面是完全結冰的，上面就像馬路一樣，可以通行，而且還可以做商業的展覽。當時台南是台灣的首府，冬季的時候還會下雪，嚴重時還會造成災害。

如今氣候不斷暖化，地表溫度不斷升高，在未來數百年的時間裡，我們已經走上一條暖化的不歸路，過去小冰期的低溫景觀，只有成為歷史的追憶了。

貳 氣候暖化的影響

全球暖化是地球危機的重要一環

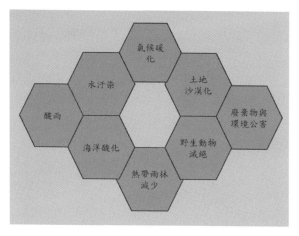

圖 2-1 地球的生態環境環環相扣，氣候暖化更是其中的核心議題，牽動著地球的生態平衡。

　　工業革命後，溫室氣體（二氧化碳、氧化亞氮、甲烷和氟氯碳化物）過度排放到我們的大氣層，導致地球表面溫度持續暖化。依據 2013 年聯合國政府間氣候變化委員會（IPCC）的最新估計，在二十一世紀結束（也就是 2099 年）之前，若是人類對溫室氣體毫無管制的排放下去，到本世紀末最壞的可能情境是在本世紀末升溫高達 5℃，海平面可能會上升近 1 公尺；比前一次（2007 年）評估升溫最高 4℃、海平面最多上升 60 公分的結論還要更為嚴重。IPCC 並曾對氣候變化的後果，提出可能會帶來「突發且不可逆轉」的嚴重衝擊警告，其中包括高山冰川迅速消融，物種大規模消失等，成了人類有歷史以來的

最大困難與挑戰。

如今全球暖化的趨勢不但非常明顯，並且正在加速；連帶的，也使得世界的氣候變化更劇烈，也更難以預測。其實過去十多年來的酷寒、熱浪、颶風、洪澇、旱災等極端氣候在世界各地反覆發生，就已清楚表明地球正在朝不利的方向演變。不但大自然在呻吟，地球上的物種也以驚人的速度消失，人類目前正處於不可逆轉的十字路口。

地球原本是一個複雜精細的平衡系統，在人類的干擾下，地球正以大氣－海洋激烈運行、水文循環快速變化來回應，試圖將人類所造成的暖化現象消除，回歸原本的自然節奏。然而，在回應過程所造成的跳躍式極端氣候變化，引起可怕的自然災害，卻是人類難以承受的。

違反自然的增溫趨勢

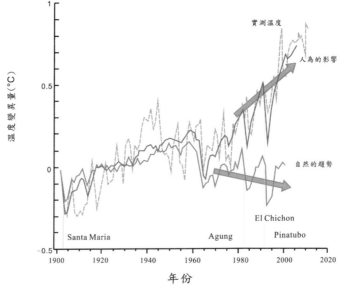

圖 2-2　人類的愚蠢，改變了氣候的演變方向，也改變了人類的命運。
本圖重繪自：聯合國政府間氣候變化委員會（IPCC）2007 年評估報告，並更新到 2010 年。

圖 2-2 是從 1900 年一直到現在我們地球表面溫度的變化。圖上的虛線，是實際量測的結果，可以清楚的看到地表的溫度一直不斷的上升，且上升的速率越來越快；這樣的上升方向其實與地球原本應該演進的方向是完全不同的。

　　現在的科學很進步，可運用精巧的模式，數學的繁複計算，估計這個溫度如果沒有人類的影響與有人類的影響，它的表現會是什麼樣子。

　　結果就如圖上所顯示的，紅色是溫度因為有人類的干擾：排放了大量的溫室氣體、破壞了熱帶雨林、改變了我們地球表面的環境，因此溫度就會上升，也跟實際上測量的，幾幾乎乎完全吻合，所以我們知道人類真的是改變了地球表面的溫度！

　　如果沒有人類介入的話，地球就會像藍色的這一條線，應該從 1950 年以後就會慢慢的涼下去；大概是一萬年會降下 1 度。估計在未來的九萬年之內，地球應該是越來越冷，在整個九萬年的時期裡，大概會降低 8 至 9 度的幅度，也就是說我們的地球正要從現在慢慢進入下一個冰期。只是它的進程非常的緩和，一萬年才會下降不到 1 度。換句話說，整個地球是可以承受、可以適應，也可以慢慢去調整的。但是現在竟然改觀了，我們人類把地球運行的方向做了一個方向完全相反的改變。

　　按照目前在地球環境裡面所做的改變，至少能延續 300 到 500 年；等到 300 至 500 年以後，地球還會把整個人類所改變的方向，再把它調整回去。所以我們可以說，約莫 500 年以後，整個地球又會慢慢涼回去了。

　　只是從現在到未來的 500 年這段時間裡面，我們地球要經歷的變化是非常大的，而且其變動之幅度，我們人類還不一定能夠撐得過去。

人類改變了氣候的演進

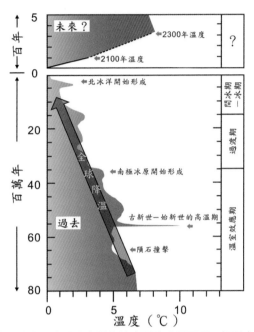

圖 2-3　地球長時期的降溫是人類能夠出現的重要原因，但是人類卻沒有好
　　　　好珍惜。

本圖重繪自：《地球物理評論》（*REVIEWS OF GEOPHYSICS*），2009 年，47 卷，RG1003
頁。

　　中生代是地球歷史上極長又穩定的一段高溫潮溼期，
一般而言，要改變這個情況是非常困難的。但是，約在
八千萬年前，地球的板塊運動開始活躍，到處都是火山活
動，噴出來的火山微粒，布滿大氣層，遮蔽了陽光，影響
了地表熱能的分布。更巧的是，突然有一顆天外來客，撞
擊地球，造成更大的擾動，帶來第 5 次的生物大滅絕事
件，中生代也隨之結束。

　　自此以後，地球就開始了漫長的降溫作用。除了在古
新世及始新世出現一個短暫的高溫期外，地球基本上一直

在降溫。在這個單向的進程中，除了喜馬拉雅山脈的隆升外，最重要的就是南極冰原及北冰洋的次第形成。

因此，可以說八千萬年以來，地球一直在緩慢的降溫，直到三百萬年北冰洋形成後，地球開啟了史無前例的以十萬年為周期的氣候變動，冰期與間冰期反覆的交互出現，地球不論是陸地或是海洋，溫度終於降到了類似目前的水準，再也沒有往昔的高溫場景。在這個漫長的過程裡，平均而言，地表的溫度幾乎是以一千萬年降低 1 度的速率在緩慢冷卻。

然而，隨著人類對大氣及地表環境的擾動，地球正以難以想像的速率在增溫。過去一百年來，地表的溫度已上升近 1 度，若人類不懸崖勒馬，改弦更張，未來三、五百年的時間裡，地表的溫度將可能會升回中生代的高溫場景，這是多麼可怕的事！這也是地球環境變化的可怕災難！

 ## 天氣越來越熱

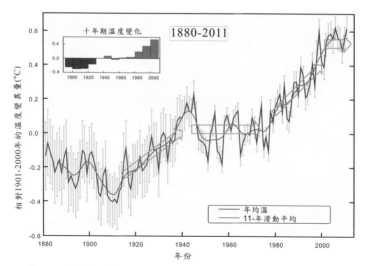

圖 2-4　百年來，地球的增溫呈現階梯式，是大自然調節的結果。
本圖重繪自：美國國家航空暨太空總署（NASA）網頁

工業革命以後，我們把過量的溫室氣體排放到地球大氣層裡，地球就越來越熱。從那個時候開始一直到現在，地球表面已經增加了 1 度。

過去千年來它最多不過上升 0.5 度，而且這個 0.5 度要耗費好幾百年的時間才達成；更早以前它要增加 1 度最少也要 1000 年，現在我們竟在 100 年就把它達到了。

由於大氣層裡面正在快速增加溫室氣體，現在地表也快速增加溫度，就像一個人站在太陽底下，穿了一件厚厚的外套，體溫正不斷的升高。可以說，在過去的地球歷史的時間裡，從來沒有在這麼短的時間，地表的溫度增加得這麼快。

然而，地球也努力地在因應，它想盡辦法要把地表快速增溫的速率降下來；因此，目前好像有兩個力量在彼此較量，一個是人為的增溫，另一個是自然的降溫，這兩個力量互相拉扯的結果，使得過去百年來，地球表面的增溫趨勢呈現階梯式的表現，與大氣中溫室氣體以拋物線方式增加的趨勢完全不同。

可怕的升溫趨勢

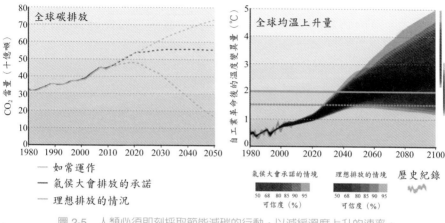

圖 2-5 人類必須即刻採取節能減碳的行動，以減緩溫度上升的速率。
本圖修改重繪自：《自然》（*Nature*）期刊，2010 年，464 卷，1127 頁。

2010 年科威特夏季的最高溫度是攝氏 54 度，令人難以承受。實際上，在 2010 年，全世界有 17 個國家的夏季高溫，都打破了歷史紀錄。

地球因為表面不斷的增加溫度，會透過更劇烈的自然調節方式去調整因應。在過去百年的時間裡，地球一直在努力做一件事情，就是幫我們把過量的熱能盡可能消散掉。所以我們看到地球表面氣候有了許多劇烈的天氣變化，其實是地球在幫我們人類的忙，想辦法不要讓地表的溫度增加得太快；如果沒有地球這樣劇烈的調整，這樣大規模的降溫，我們現在所經歷的溫度變化，將遠遠超過今天的想像跟承受的。

從升溫的趨勢來看，未來溫度只有越來越高，因為我們走的是一條單行道。就好像一列火車已經啟動了，就沒有辦法在短時間內把它停下來；若要把它停止下來，需要慢慢的把動能降下去。對我們的氣候暖化而言，最關鍵的

就是降低大氣中溫室氣體的排放量了。

依照聯合國氣候變化大會的決議，從現在開始直到這個世紀的末了，我們希望升溫的幅度不要超過 2 度（以工業革命時期為基準）。也就是說，基本上雖然地表溫度會繼續上升，還是希望它上升得慢一點、緩和一點。

依照目前的了解，若要達到在二十一世紀末地表溫度不超過 2 度的門檻，我們必須在 2025 年開始大幅度的降低溫室氣體的排放量，若能在 2050 年一直降到 1990 年所排放量的一半，我們就有機會使地表的升溫緩慢上升，並且達到世紀末地表溫度不超過 2 度的目標。

可是如果我們因應的策略不夠好的話，溫室氣體的排放量繼續大幅度攀升，世紀末地表溫度上升量就會超過 3 度，甚至於上看到 4 到 6 度！若真到那個極端的程度，人類是沒有辦法去承受的，地球環境的變化將會非常可怕！

暖化後的氣候變化像可怕的綠巨人

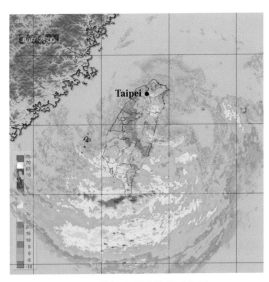

圖 2-6　莫拉克颱風的衛星雲圖

資料來源：中央氣象局

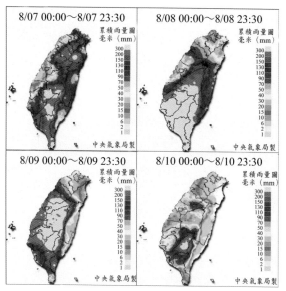

圖 2-7　莫拉克颱風侵台期間 2009 年 8 月 7 日至 10 日的雨量分布圖：中南部在這四天期間所承受的雨量打破歷史紀錄，也造成慘重災情。

資料來源：中央氣象局

　　2009 年莫拉克颱風對台灣造成的災難，是過去從來沒有看過的，超乎我們的想像。它的發生剛好可以幫助我們了解氣候暖化發生了以後，會帶來哪些可怕的特點。

　　以莫拉克來說，第一個特點是出其不意。所謂出其不意就是因為我們沒有預料到它是如此可怕，所以當它侵襲台灣，造成了非常嚴重的傷害，我們就覺得猝不及防；就好像在我們毫無防備的時候，來了重重的一拳。這就是氣候暖化的第一個特點。它所發生的、讓我們所經歷的，都是我們過去從來沒有經驗，也是我們很少去經歷的一個很重要的特性。

　　第二，它攻其不備。攻其不備就是它傷害的範圍跟尺度，跟過去來比差異非常多，而且遠遠超過我們的想像。以莫拉克來說，當時氣象局公布的暴風圈範圍只有北台

灣，按照過去的經驗，只要在颱風影響的範圍裡面做好防颱準備就好了，可是它最大的傷害卻是在暴風圈外面的南台灣，因為整個南台灣的雨量非常的驚人，打破了歷史紀錄。這件事情告訴我們，氣候暖化已使得我們的整個環境開始改變了。氣候暖化的結果，未來颱風不管是朝北部去，向南部來，整個台灣都要作好防備。

　　第三個特點就是越來越極端，而且極端的表現讓我們很難去想像。以莫拉克颱風來說，在阿里山的氣象站，三天裡面所收到的雨量是過去一年才會收到的；而這情況不是台灣獨有的，目前在世界上各處都表現出一樣的情況，都會在短短的幾天或幾週之內，把過去一年才會收到的雨量降下來了。這種極端性就是氣候暖化以後，我們正在經歷的；也就是它變得越來越難以去掌握。

　　最後一個特點，就是現在幾乎每個國家都在多方面作戰。舉中國大陸在 2010 年的例子。中國大陸從 2010 年一開始，北方就是冰天雪地，酷寒一片。中國軍隊開路去送糧食，把受災的居民救出來。接著在新疆因為雪融得太快了，有洪水的災害，所以又去救災。在春天的時候，整個大西南包括重慶、四川、雲南、貴州、廣西，一大片的土地都是乾旱的；乾旱所影響的人口超過台灣的兩倍。邁入夏天，整個長江流域到處都是水患，又要努力去救洪災。到了 8 月，沒想到鴨綠江又來了一個大洪水。可以說，從 2010 年開始，從北到南，從東到西，中國軍隊都在各處努力救災。

　　除了氣候極端的變化，還有地震、火山、海嘯的威脅。這種複合型態的戰爭，沒有前後方的分別，每個國家都務必要做好備戰的準備。

增溫又被汙染的海洋

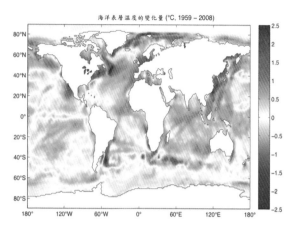

圖 2-8　過去半世紀以來，海洋一直默默的吸收地球表面的過量熱能，導致大部分的海洋表層水溫都在增高，尤其是北半球高緯度地區。

本圖重繪自：聯合國政府間氣候變化委員會的 2009 年哥本哈根氣候變化診斷報告（Copenhagen Diagnosis 2009）。

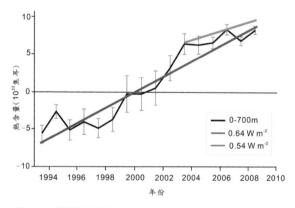

圖 2-9　從 1993 年開始的觀測資料，證實海洋的增溫已經深達 2 公里。

本圖重繪自：《自然》（Nature）期刊，2010 年，465 卷，304 頁。

　　圖 2-8 表示了自 1959 年到 2008 年，全球海洋表面溫度測量的結果。紅色表示這段期間海洋的溫度在增高，藍色則表示降低。很明顯的，除了南極大陸的周邊及少數

區塊外，海洋的表層溫度正在升高，尤其是北半球高緯度的北冰洋附近，歐亞及北美大陸的邊緣，增高的幅度非常驚人。

海洋會有今天這樣的表現，正是氣候暖化帶來的惡果。自工業革命後，大氣層的溫室氣體含量已呈指數函數的型態大幅度的增加，以致攔截過多的太陽輻射在地表，破壞地球原有的熱能平衡。過去百年來，地球表面的增溫幅度僅約 1 度，是占地球表面七成面積的廣闊海洋發揮吸熱作用，所產生的調節效應；也就是說，是海洋吸納了大部分的熱能，才使得大氣層的升溫不致太快。

然而海洋也付出了慘重的代價。由最近的觀察資料顯示，海洋的溫度正以我們想像不到的速率在增高，深度兩千公尺以上的海水溫度都在上揚（圖 2-9）。溫度增高的海水，不但降低了過去可以調節的功效，也完全改變了海洋原本的緩衝功能，演變出難以想像的後果。如今聖嬰及反聖嬰現象的失序，就是明顯的例子。

海洋的熱能增加，不但帶來更複雜多變的天氣變化，更麻煩的是，海洋環境還正遭受人類活動的嚴重破壞，而且情況正趨於惡化。

例如深度 200 公尺以下的海域，面積達 3.6 億平方公里，約占地球表面積的一半，可以說是地球上最大的一個生態系統，猶如一塊知之甚少的巨大荒原，其中蘊涵著豐富的資源，如魚類、礦產、海底石油和天然氣等。

可是數百年來，人類都把垃圾及醫療廢棄物傾倒在海底深處，尤其自 1980 年代開始的深海石油開發，更是風險極高的不定時炸彈。2010 年 4 月發生在墨西哥灣水域的鑽井漏油事件，對海洋生態所造成巨大災難就是最新的案例。

海洋對維繫地球熱能與生態平衡有無可取代的重要功

能，如今卻遭逢人類貪婪無知的破壞，導致目前我們必須承擔惡果。願我們趕緊謙卑悔改，改變不當的作為與心態，努力做好海洋環境的保育工作，恢復海洋原有的生機與功能。

變調的聖嬰現象

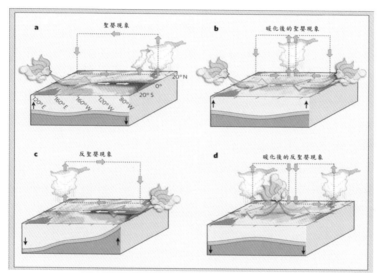

圖 2-10　聖嬰及反聖嬰現象是調節地球大氣與海洋熱能分布的重要自然作用；暖化後，聖嬰及反聖嬰現象發生的型態及機制已經開始有了改變，也將影響氣候的變化。

本圖重繪自：《自然》（Nature）期刊，2009 年，461 卷，483 頁。

「聖嬰」一詞源於西班牙文 El Niño （意為上帝之子），是南美秘魯及厄瓜多爾一帶的漁民用以稱呼一種異常氣候現象的名詞。這種氣候發生於聖誕節附近，使得鄰近熱帶太平洋海域的表層海溫及洋流發生異常高溫變化。

一般在非「聖嬰」時期氣候下，熱帶太平洋東部之氣壓場高於太平洋西部，此一東西氣壓場的差異，就產生熱

帶盛行東風帶，並帶動太平洋之表層洋流西行。西行洋流逐漸受日光加溫，匯聚於中、西太平洋一帶，太平洋西面的海平面因此比東岸高約半公尺。而在東太平洋，海洋深處之低溫海水因表層海水的離岸牽引而補充上湧（稱湧升流）。由於湧升流含豐富養分，吸引了大批魚群聚集，成爲秘魯及鄰近諸國之主要漁場，而海鳥亦隨魚群湧現而聚集，連帶使得海鳥的排泄物也成爲磷酸鹽肥料的主要來源。

在「聖嬰現象」發生期間，東太平洋之氣壓場降低，西太平洋之氣壓場卻增高（圖 2-10a）。氣壓場的改變使得熱帶盛行東風帶減弱，甚至轉爲西風帶。於是原來西行之東太平洋表層洋流反向東流，逐漸受熱增溫後聚於東太平洋海域，熱帶太平洋表水溫就呈現出東高西低之變化。聚於東太平洋（面積相當美國大陸一半）的向岸高溫海水，也抑制該區深處低溫且富含養分的湧升流上湧。於是魚群改向他處移棲，當地海鳥之數量亦銳減，磷酸鹽肥料的生產量降低，連鎖效應下使該區域的漁、農業均蒙受相當程度的損失。

除了海水的溫度變化外，「聖嬰現象」期間也因大氣環流及海氣熱量交換的改變而造成異常的氣候型態。在「聖嬰現象」發生期間，熱帶東太平洋海溫異常增高時（目前最強的紀錄是升高攝氏六度），洋面上方之大氣，伴隨著海洋來之水氣，受熱上升，經由對流作用形成雨雲，導致附近地區降雨增加，發生豪雨及水災之機會增高。爲了均衡東太平洋區空氣之上升，海溫降低之熱帶西太平洋上空之空氣遂下沉，造成該區地表壓力增加並抑制降雨，因此在印尼、菲律賓、澳洲北部在「聖嬰現象」期間較易導致乾旱。

簡單的說，「聖嬰現象」之特徵就是東、西太平洋

海洋表水溫度的逆向改變，伴隨大氣的氣壓場有如蹺蹺板式的東西振盪。當太平洋赤道海溫變化呈現東高西低時，氣壓場變化則爲西高東低（即聖嬰期）；反之若海溫變化爲東低西高，氣壓場則呈西低東高之型態（即非聖嬰期；如圖 2-10c）。對於氣壓場的變化，氣象界通常以南太平洋東部之大溪地和西部澳洲達爾文二地間氣壓場的差異值爲指標來顯示，並名爲「南方振盪」（Southern Oscillation）。而「聖嬰」和「南方振盪」此一相伴相生之大氣、海洋變化現象，就取兩個名詞之字首合稱爲 ENSO。

「聖嬰現象」大約每 2 至 7 年發生一次，其生命週期從開始、成熟到衰退前後可達一年半到二年之久。然後像鐘擺一樣，逐漸回復。有時在回復過程卻擺過了頭，造成盛行東風更強，東太平洋的表水溫反而更低，這種與「聖嬰」對映的相反現象就稱之爲：La Niña（西班牙文女孩之意），見圖 2-10c。因此，「聖嬰現象」其實是海洋和大氣交互作用所產生的自然現象，雖然我們目前只知其然而不知其所以然，它卻是自然界大氣圈及水圈韻律的一部分，也是全球氣候系統的一環。原來它只是漁民描述的一個海洋性現象，如今已經溶合 ENSO 和 La Niña，包含了大氣及海洋的領域，成爲家戶喻曉的通俗名詞。

從 1900 年以來，「聖嬰現象」共發生 27 次，規模有強有弱。規模強的「聖嬰現象」會造成全球性氣候型態大幅度改變。其中以 1982 到 1983 年及 1997 到 1998 年的海溫變化最大，號稱是二十世紀的超級「聖嬰」，也導致嚴重的災害。據估計，1982、1983 年那次「聖嬰現象」，西太平洋區之東南亞國家和澳洲發生嚴重乾旱及衍生而出的火災，東太平洋區之美洲國家受損於水患，除了二千條人命的死亡，財物的損失達到 130 億美元之鉅。

而 1997 到 1998 年的「聖嬰現象」，更使得全球有三分之一的珊瑚礁因海水溫度太高而白化。

 ## 聖嬰現象的衝擊

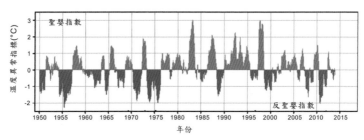

圖 2-11　二十世紀後，聖嬰及反聖嬰現象發生的頻率增高，幅度也加大。
本圖重繪自：美國國家海洋暨大氣總署（NOAA）網頁，更新至 2013 年 12 月底。

「聖嬰現象」其實不單只是發生在太平洋，最近的研究也觀察到印度洋和大西洋的表水溫度同樣有相似的變化，只是由於印度洋和大西洋的東西幅距較小，海洋和大氣之間熱量的交互作用快速且短暫，因此其變化幅度小且效應不明顯。除了氣候的改變外，「聖嬰現象」期間，地球自轉的速度也會受到影響而略微減緩。

在公共衛生方面「聖嬰現象」發生時，又暖又溼的氣候區也因熱帶性流行病毒（如登革熱、漢他病毒、腦炎、霍亂、瘧疾等）寄主的大量繁衍而較肆虐。有些人認為 1340 年代末期的黑死病，1557 至 1900 年間的幾次疾病大流行，及 2009 年 H1N1 新型流感，都可能和「聖嬰現象」或「反聖嬰現象」有關。這些相關的觀察，進一步告訴我們「聖嬰現象」或「反聖嬰現象」確實產生全球性的效應，因此在政治、經濟、社會以及科學層面上，它均有重大的意義和影響。

最近的研究發現「聖嬰現象」與大氣中的二氧化碳含量相關，因此十九世紀以來持續的全球暖化現象對「聖嬰現象」或「反聖嬰現象」應該有深遠的影響。「聖嬰現象」近數十年來有增強及持久的情形，例如 1982 到 1983 及 1997 到 1998 的兩次超強的規模，1991 至 1995 的異常持久，均是近二十年來才有的狀況，是否全球暖化現象已開始對「聖嬰現象」造成影響呢？這個課題自然引起科學家們深切的關注，也促使許多研究人員投身在相關的研究領域裡。有人研究珊瑚化石，有人探究樹木年輪，更有人不辭勞苦，攀登高山鑽取冰川的冰芯，或是湖底的紋泥，目的都是想分析這些材料，建構出一個以季或月為單位的高解析度古氣候紀錄。有了一份以時間與空間為軸向的詳細又可靠的氣候變化紀錄，我們才可以鑑往知來，對「聖嬰現象」的未來演變有更好的掌握。

　　不論如何，環境的改變一定影響人類生活的品質，也衝擊全球的生態環境。地球的氣候系統數十億年來一直都在變化，只是近 2 百年來人類活動能力大規模增強，也對生態環境造成許多無可彌補的破壞與失衡後，更增加了對「聖嬰現象」及氣候變化的不確定性，當然對人類往後的禍福更難預卜，不過為禍的成分可能更大些。我們一方面當然要努力去了解氣候變化的原因與機制，以最好的準備防患於未然；但更重要的是，我們要開始順應自然、珍惜自然資源、放慢開發的腳步，將人為對自然界的影響降至最低，才是利人、利己又利生的長治久安策略。

反聖嬰現象又來了

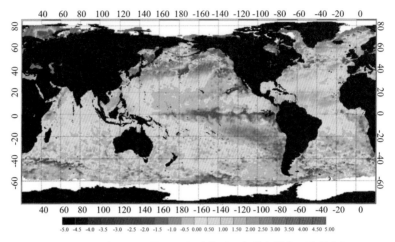

圖 2-12　2011 年 7 月反聖嬰現象發生時，海洋表層的溫度分布圖。
本圖重繪自：美國國家海洋暨大氣總署（NOAA）網頁。

　　世界氣象組織 2011 年 9 月表示，剛在 2011 年 5 月結束的反聖嬰現象又有捲土重來的跡象。由東太平洋地區海洋的水溫監控情況顯示，2011 年再度發生反聖嬰現象的機率已因東太平洋赤道地區的溫度持續下降，反聖嬰現象已經再度發威。

　　反聖嬰現象是由於太平洋赤道海域表面水溫偏低而產生的一種異常分布情形，它通常會在世界各地引發洪澇或者大旱的極端天氣。相對反聖嬰現象的就是聖嬰現象，二者都是海洋調節地球表面熱能分布的自然現象，過去都以 3 到 7 年的周期循環交替。如今才隔幾個月，東太平洋不但沒有朝聖嬰現象的方向邁進，反而往反聖嬰現象回頭，真是跌破許多專家的預估。

　　再看看最近的世界現況，由南亞巴基斯坦、印度，到中南半島的泰國、柬埔寨、越南，以及中國大陸、菲律

賓，都迭遭連綿大雨，身陷洪患的困境；而美國南部及墨西哥則遭逢世紀大旱，正是典型反聖嬰現象的表徵。

　　這個情勢的演變顯示，上一波的反聖嬰現象可能並未真正消失，只是暫時的休息，接著又回到當初的位置。另一個意義是，現在海洋的背景情況大變，早已跳脫過去的經驗法則，聖嬰及反聖嬰現象已不復像以前那樣規則的交替發生，反而不按常理出牌，成跳躍式的表現，更增加了我們預測及防災的難度。

　　不論是哪一個可能，都說明了我們的海洋環境正朝不利的方向演進，將會帶來更極端的天候變化，以及更劇烈的災難惡夢。

 即將消失的冰河

圖 2-13　高山冰川的消失是氣候暖化的直接結果；附圖是美國蒙大拿冰河國家公園的 Shepard 及 Sperry 冰河在二個不同時期消融的歷史照片。
資料來源：美國地質調查所（USGS）網頁

在圖 2-13 所看到的冰河，叫做牧羊人（Shepherd）冰河與斯佩里（Sperry）冰河，是美國蒙大拿州冰河國家公園中的兩條美麗冰河。在牧羊人冰河照片裡，左圖是 1913 年的老照片，右圖則是 2005 年的現況。在斯佩里冰河的照片中，上圖拍於 1913 年，下圖攝於 2008 年。兩相對照，這兩個冰河大幅縮減的情況清清楚楚。

美國的冰河國家公園是 1910 年所成立，當初從來沒想到，才僅僅過了一百年，原先在這個冰河國家公園的 150 條冰河，現在只剩下 25 條；而剩下來的 25 條，預計在 2020 年時，就會完全的消失不見。所以在未來的十年內，僅存的冰川都完全消失不見之後，全世界報紙的頭條標題就是：美國的冰河國家公園沒有冰了！

同樣的情形正在南美、歐洲、非洲、亞洲的高山發生，也在北極及南極的冰原出現。氣候暖化帶來的衝擊，對於高山冰川所影響的層面非常的大，甚至會影響高山冰川周圍地區的水資源使用安全。

正在快速上升的海平面

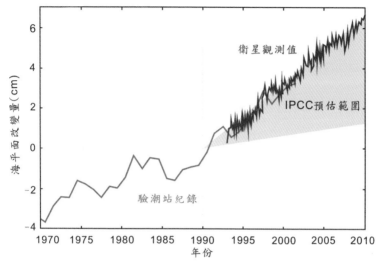

圖 2-14　我們對海平面上升速率的預估，過去都是偏低。

本圖重繪自：聯合國政府間氣候變化委員會（IPCC）2007 年評估報告，並更新到 2010 年。

　　除了極端的氣候變化，還有一個過去我們沒有經驗，但在未來卻會大大傷害我們生存環境的危機，那就是海平面的上升。

　　氣候的變化雖然極端，由於我們過去至少曾有一些經驗，知道這個氣候變化越來越極端，對我們的傷害越來越大，所以要好好去防範；可是海平面過去的上升一向很緩和，從來不曾是我們環境的威脅與危機，因此它一旦發威，帶來的衝擊就十分深遠。

　　今天觀察世界各國，如果該國有海港，有良好的貿易，國家就有很好的發展基礎，經濟就可以快速的成長，進而成為富國與強國。但是氣候暖化後，千年以來原來靠海港發展的城市，根本沒有想到在二十一世紀開始，竟然會因為海平面的快速上升，反而變成另外一個夢魘。

　　海平面怎麼會上升？而且上升的如此快速呢？就是因為地球表面溫度不斷的上升，讓原來在高山的冰川快速的融化；融化以後，就流到了海盆裡，海洋裡注入的水越來越多，海水位就越來越高。另一方面，海水升溫後，會膨脹，也是另一項原因。

 ## 北冰洋正快速融化中

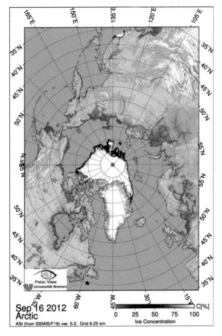

圖 2-15　北冰洋的快速消融，有商機，更有危機；附圖是 2012 年 9 月 16 日的北冰洋海冰覆蓋圖。

資料來源：德國布萊梅大學（University of Bremen）網頁

　　2012 年夏天北冰洋覆冰大量消融，不但冰層面積又破歷史最低點，整個體積更是快速減少，已經不到過去 30 年平均值的三成，情況非常不樂觀。

　　自 2012 年 8 月初到該年夏季結束，北極地區的東北及西北航道都已經無需借助破冰船就可暢通航行，大大促進了北極貿易航線的便利，因為這個航道比向南穿過蘇伊士運河或是巴拿馬運河的航道要短數萬公里。北冰洋若按照目前夏季的情況繼續加速融化，很可能在 2030 年以前就出現夏季完全無冰的情形。這個影響遠遠超越商業航運上的獲利，也將帶來可怕的負面連鎖效應。

　　首先受到衝擊的，就是媒體上常常報導的北極熊生存困境。北極熊的主要食物來源是海豹，目前由於夏天海冰面積大幅縮減，海豹群遠離了海岸，在北冰洋遙遠殘存的小塊浮冰上活動。沒有過去連綿一片的浮冰鋪路，北極熊很難跑到那麼遠的地方抓海豹。根據近年對北極熊族群的追蹤調查，有半數已經處於衰退狀態，就說明了北極熊未來的艱困命運。

　　除此以外，北冰洋周圍的生態環境正在快速改變。例如與北冰洋相通的白令海，由於近年來北冰洋融冰增加，導致體積較大的冰藻沉降到海裡，因為沉降速度較慢，成為附近魚類的新食物來源，促使漁群增加，不但出現漁場北移，也使得深海生物，如螃蟹、海參、比目魚的食物來源減少，族群反而萎縮，破壞了原有的食物鏈平衡系統。

　　另外一個潛藏的危機，則是一些原來蟄伏在北極厚厚冰層下的病毒，可能因海冰融化及海水溫度增高而再度活化。根據最近極地冰芯微生物的調查，已在冰層樣本中發現沉睡了近 14 萬年的病毒毒株。隨著冰層消融，原來已經停止活動的病毒將會開始重新活躍，擴散到北極以外的地區，人類、水中或陸地生物，都有可能淪為這些病毒的宿主。並且由於我們對這些陌生的病毒沒有免疫力，一旦快速傳染開來，後果不堪設想。

　　全球海平面上升是北冰洋消失後，一定會引發的危

機。目前美國阿拉斯加 213 個原住民村鎮中，有 184 個已經遭到不斷上漲海水的淹沒，而這只是未來海平面上升的前奏曲而已。雖然北冰洋是海冰，它的消失不會直接造成海水面的增減，但是因北冰洋海水溫度的快速升高，卻會牽動格陵蘭冰原的急速消融，使得原本緩慢上升的海水面會頓時成跳躍式的抬升，讓所有沿海的國家措手不及，難以應變——這當然包括我們台灣在內。

更可怕的，是冰川融化可能引發北冰洋海底甲烷的釋出。埋藏在北冰洋海底的甲烷估計有 4 千億噸，是目前全世界每年釋出量的 1 千倍。甲烷是最重要的溫室氣體之一，其暖化效應是二氧化碳的 23 倍。隨著北冰洋的消失，過去以固體型式安定在海底的甲烷，就會開始氣化並進入大氣層，加劇地球暖化的失控，氣候災難將一發不可收拾。

如今，因我們長期對地球生態環境的破壞，原來 300 萬年來都穩定存在的北冰洋，將要在 20 年的時間裡呈現夏季無冰的狀態。從 2012 年夏季北冰洋的現況，我們可以預見到人類即將面臨的深沉危機。

未來海平面的上升量

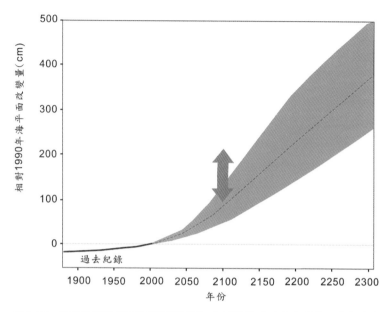

圖 2-16 由於近期氣候暖化速率的加快,海平面在未來的上升量,可能遠遠超過人類的想像。

本圖重繪自:聯合國政府間氣候變化委員會的 2009 年哥本哈根氣候變化診斷報告(Copenhagen Diagnosis 2009)。

地球冰雪圈的消融是一個非常嚴重的警告,告訴我們說,人類對地球環境所造成的改變是多麼的可怕!

因為陸地上的冰川不斷的消融,不斷的流到海裡面,海平面就不斷的上升。在過去一百年全世界海平面的上升量有 20 公分,其中一半由於海水的熱膨脹效應,另一半是陸地冰消流入海盆造成的結果。也就是說,過去百年來溫度約上升 1 度,很多高山的冰雪融化了、海水溫度升高,但是只讓我們的海平面上升 20 公分,所以我們不覺得它是一個威脅、一個可怕的危機。

但是未來不是了!從現在開始到這個世紀的結束;

下一個世紀、再下一個世紀，也就是 2 百年到 3 百年以後，甚至到 5 百年，海平面只有不斷的往上抬升，不斷的淹沒世界上所有沿海低窪的地方。

聯合國的政府間氣候變化委員會（IPCC）已經告訴我們說，在這個世紀結束之前，全世界平均海平面上升量很可能高達 1 公尺。原先 IPCC 在 2007 年得到諾貝爾和平獎的報告說，最多會上升 50 公分。短短幾年已經做了重大的修改！這個新的估計告訴我們，氣候及環境的變化太快，過去的估計太保守了，所以在二十一世紀結束之前，海平面上升量將會升高到 1 公尺。這還是很保守的，到世紀末的時候很可能還會上達 2 公尺。

所以對全世界各國來說，這是一個迫在眉睫且可怕的夢魘。1 公尺跟 50 公分差很多，而 2 公尺跟 1 公尺所帶來的影響也是完全不一樣的。

 ## 冰川及冰原對海平面的影響

位　置	體積 (KM³)	海平面上升量 (M)
南極東大陸	26,039,200	64.8
南極西大陸	3,262,000	8.1
南極半島	227,100	0.5
格陵蘭	2,620,000	6.6
高山冰川及其他冰帽	180,000	0.5
總計	32,328,300	80.3

圖 2-17　陸地的儲冰量，因各地不同，對海平面上升的影響也不一樣。
資料來源：美國地質調查所（USGS）網頁

因為氣候持續暖化的關係，未來全世界高山的冰川，都將更快速的消融。過去有一部根據海明威小說所拍的

電影叫做《雪山盟》，講的就是與非洲吉力馬扎羅山（Kilimanjaro）高山有關的故事。在《雪山盟》的電影裡面看到吉力馬扎羅山白雪曖曖的面貌，但是在未來十年裡面它就會消失不見。全世界所有的高山冰川在二十一世紀前幾乎都會逐一消失，但是這還不是我們最大的問題。為什麼？

因為我們把所有高山冰川的冰雪量通通加起來，它的總量有多少呢？約 18 萬立方公里；1 立方公里就是 10 億噸的水量，是個非常龐大的數字。把這麼多的冰融化，放到海盆裡面去，海平面會增加多少？答案是半公尺，所以它對海平面上升的貢獻量只有半公尺。

那麼最大的威脅在哪裡？最大的威脅一個是北半球的格陵蘭，另外一個是南半球的南極大陸。格陵蘭的冰雪量有 2,620,000 立方公里。它全部消融的話，全世界的海平面會上升超過 6 公尺。現在台灣公寓的一層樓是 3 公尺高，所以剛好就把兩層樓的高度給淹沒了。

可是南極大陸就更大了，因為太大，一般我們把它分成三塊。一個叫做南極半島，它的冰雪量跟所有的高山冰川差不多。所以它整個消融以後也讓海平面上升半公尺。聯合國的 IPCC 說，在這個世紀結束之前，我們的海平面至少上升 1 公尺，主要就是由我們的高山冰川跟南極半島的消融，把這兩個加起來大約就是 1 公尺。

接下來要看格陵蘭跟南極西大陸，各會消融多少；它們消融的多，海平面就會上升的更快，所以在基本的 1 公尺上面會加多少，就看格陵蘭跟南極西大陸會消失的有多少。南極東大陸的冰雪量約是格陵蘭的十倍，所以它若全部消融，上升量大概就是 65 至 66 公尺。

若把這些量通通加起來，到有一天地球的溫度真的上升超過 5 至 6 度，約略是上次恐龍時代的溫度，整個的

南極東大陸可能都不保了，那時全球海平面會上升超過
80 公尺。這 80 公尺還未加上熱膨脹，這個熱膨脹效應會
使海洋再加高。如同我們所常說的熱脹冷縮，海水也會因
溫度增高而膨脹。所以若加上熱膨脹效應，再加上我們對
陸域冰雪的估計有些不準度，將上述因素加進來考量，也
就是如果南極的冰全部融化的話，現在 100 公尺以下的
地方，都會淹沒在海裡面。

　　到那個時候，對沿海地區的影響真的是非常的巨大。
因此對人類來說，未來要防範的，不單單是溫度上升帶
來環境的衝擊；還要防備海平面上升給國土淹沒帶來的損
害。

 ## 緊迫的冰消危機

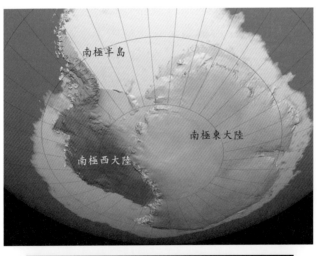

(a)

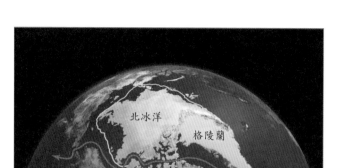

(b)

圖 2-18　格陵蘭及南極大陸是二十一世紀要密切觀察的兩個關鍵區。
本圖重繪自：美國國家海洋暨大氣總署（NOAA）網頁

　　圖 2-18(a) 是南極大陸；南極東大陸位在右側，儲存的冰雪量非常的大，約 4 公里的厚度超過我們玉山的高度，是一個非常巨厚的陸冰，也相對比較穩定，要把它全部融掉很不容易。另外一側是南極西大陸。南極西大陸現在是消融較快的一個地方，所以相當的危險；另外在南極西大陸左上側的就是南極半島。南極半島當然會消融得很快，預估在二十一世紀末以前，它就會完全消失不見。

　　圖 2-18(b) 的就是北半球的格陵蘭，以及旁邊的北冰洋。格陵蘭在加拿大的東北邊，是全世界最大的一個島。它現在還算穩定的原因，是因為旁邊有一個北冰洋在保護它。

　　每年九月中旬正好是北冰洋夏天冰融最低的時候，2012 年北冰洋夏天冰蓋的面積只剩下約 341 萬平方公里，非常的少，所以北冰洋正在快速的消融。北冰洋消融的後果是什麼？就是格陵蘭也會快速的消融。當格陵蘭快速消融，海平面上升就會非常快；比我們現在觀察的要快很多。

現在台灣海平面上升率已經是全世界最快的地方，尤其是西部，過去幾年所觀測的結果，不管是高雄、彰化、新竹，甚至澎湖，海平面的上升都是全世界平均值的兩倍以上。全世界現在是以一年 0.3 公分的速率在上升；我們台灣的西部是 1 公分／年；澎湖是 1.7 公分／年，所以過了十年、二十年，將會看到海平面的改變將是非常的明顯，對我們的衝擊也是非常的大。

 北冰洋的終極命運

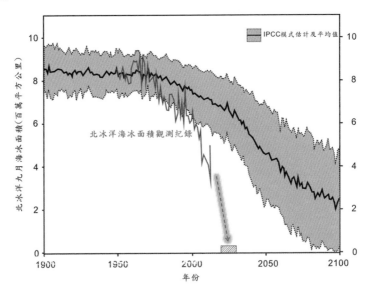

圖 2-19 北冰洋的即將消失，是地球歷史上的重大事件，對人類影響深遠。
本圖重繪自：聯合國政府間氣候變化委員會的 2009 年哥本哈根氣候變化診斷報告
（Copenhagen Diagnosis 2009）。

當北冰洋在夏季完全消失的時候，就是格陵蘭會快速融化的開始。這個時候全世界的海平面就不會像現在一年 0.3 公分、一年 1 公分的緩步上升，它會以 5 公分、10 公

分跳躍式的升上去，因爲到時候格陵蘭的消融將會非常快速。那麼北冰洋何時會消失不見？

　　按照現在所觀測的趨勢，北冰洋的冰融就像現在圖上的紅色曲線，消減的越來越快。在 2012 年 9 月中觀測到整個的面積只剩下不到 341 萬平方公里，它的體積跟 1980 年相比已經消失了近 75%，也就是它只剩下不到三成的體積。

　　當一塊冰的體積越少，融化的速率就越快。現在粗略的估計，最快是三年後，也就是 2020 年，最慢不會超過 2030 年，整個北冰洋就會在夏季完全沒有冰，就如圖 2-19 紅色陰影曲線所顯示的情形。到那個時候，全世界的海平面就會快速的上升，很多國家，包括我們台灣，現在不作好準備，到時就會完全來不及因應。

　　所以我們最快只有五年，最慢也不會超過二十年，大概一代的時間，就會看得到這個情況發生，請讀者一定要準備好面對這個可怕的後果。

快速縮減的陸地面積

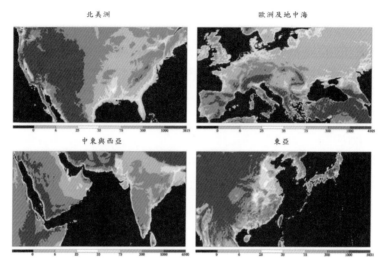

圖 2-20　未來隨著海平面不斷上升，全世界的版圖都會改觀。

　　圖 2-20 所標示全世界各地有藍色的地方，不管是美國、西歐、地中海、西亞，甚至於中國大陸，都是未來一百年、兩百年、三百年海平面不斷上升以後會被淹沒的地方。

　　台灣跟中國大陸簽了 ECFA 的貿易協定，希望藉著中國大陸的經濟帶動我們台灣的經濟發展，這是很自然的策略。但是從氣候變化的角度來看，我們能倚靠中國大陸的時間最多不會超過三十年，最快大概只有十年的好景。

　　為什麼？因為那個時候的中國大陸華北平原、華東平原、華南平原這些藍色的地方都會開始被海平面淹沒了。目前這些地方正在快速發展，它的工業區，是許多台商投資設廠的地方。但是在三十年的時間裡，這些地方就再也

沒有辦法正常的運作了！所以我們還是要想辦法自立自強，盡量努力靠我們自己，面對氣候變化帶來的全方位衝擊。

參 全球暖化對台灣的衝擊

正在快速發展中的變化

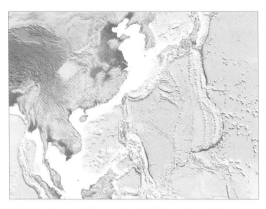

圖 3-1　台灣的地理位置獨特，一邊是地球上最大的大陸，另一邊是最大的海洋，又位在北回歸線上，是氣候變化的敏感區。

　　台灣位在歐亞大陸與太平洋交界的北回歸線處，獨特的地理位置加上季風、颱風及周圍海流的交互影響，使得台灣的氣候一直有著複雜的變化型態。從歷史紀錄回顧：台灣過去極端氣候發生的次數不多，災害的尺度、規模也較小，但隨著全球氣候不斷暖化的腳步，如今情況已全然改觀。

　　自 1897 年以後，台灣即開始制度化地進行氣象觀測，迄今已累積了 120 年的珍貴紀錄。我們可以從這些百年尺度的紀錄，擺脫過去定性的描述，開始用數量化的數據檢視台灣氣候暖化的歷程。

　　氣候暖化不但會影響全球氣候的形態，同時各地降水形態改變，造成水資源重新分配，水文變化的不確定性增高，許多地區將同時面臨豪大雨威脅及長期缺水的困境，

嚴重影響都市及區域的未來發展。

　　過去半世紀以來，因自然氣候及人為開發的影響，台灣在自然環境方面也出現極大的變化，進而影響水資源的運用及生態環境的穩定發展。

　　台灣過去一百年的演變，就是現成的例子。我們夏季越發燠熱，冬天不再嚴寒，降雨分布日益不均，極端降雨事件層出不窮，就如 2001 年納莉颱風及 2009 年莫拉克颱風所帶給我們的教訓。另一方面，水資源調配也越發困難。因地表水供應不夠，中南部被迫長時期的超抽地下水彌補用水不足，已經造成地下水位下降、地層下陷、海水入侵、地下水質惡化的難題，甚至還影響高速鐵路在濁水溪南北兩岸的營運安全。

　　另一方面，氣候暖化將導致兩極冰原及高山冰川加速融化，海平面持續上揚，海洋島國及沿海低窪地區將被上升的海水逐一淹沒。未來各國的版圖將完全改觀，人類將進入一波波氣候難民大遷徙的場景，台灣也無可迴避；這些現象將持續數百年，像一條單行道，沒有回頭路。

 ## 台灣的氣溫變化

　　1895 年，當日本人開始踏上台灣這片土地的時候，做了一件最重要的事情就是在台灣的各地設置了氣象觀測站。如今這些觀測資料變成最寶貴的科學數據，記錄台灣過去環境所經歷的變化，表現出的型態其實跟全世界是一模一樣的。

　　台灣在過去的一百年，溫度跟全世界一樣，一直不斷的升高；如同圖 3-2 年均溫裡的紅色虛線所表示的情形。升高的過程裡面，不知不覺的已經改變了我們的四季。季節的改變（夏季增長更熱、冬季縮短變暖）是暖化在台灣

呈現的第一個重要表徵。

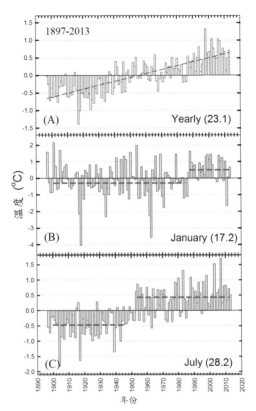

圖 3-2 百年來的氣候暖化，改變了台灣的四季，首先是夏季，接著是冬季。台灣的氣溫長期變化趨勢如本圖所示，各圖以 1897 到 2013 年的平均值作為基準（數值標誌於各圖的括弧中），各年度與基準值間的差異以距平圖表示，大於平均值的年份在基準線的上方（也就是正值），小於平均值的年份在基準線的下方（也就是負值）。

資料來源：中央氣象局

　　過去一百年台灣的年均溫已從二十世紀初期的 22.6 度逐漸上揚，至最近十年已上升到 23.8 度，也即是一百多年來升高了 1.2 度，大約是同期全球平均值的兩倍，這個現象和全球的溫度上升趨勢是一致的。暖化現象如此明

顯，在清朝時期，平原地區都會降雪的情景將不復見。

　　尤其自 1980 年以來，年均溫暖化更呈現加速現象，大約為過去百年平均速率的兩倍以上，顯示近期暖化的速率正在加速中。暖化的主要原因來自地球溫室效應，以及台灣本地人為開發的交互影響。

　　對冬季而言（如圖 3-2(B) 所示，以一月均溫為代表），上下變化幅度有比較大的震盪，主要看高緯度西伯利亞冷高壓影響的強弱而定。但是自 1980 年以後，低溫情況不再出現。如圖裡的紅色虛線為 1980 年前後二時期的平均值，在 1980 年以後就突然躍升，這是一個重要關卡，表示台灣自此邁入暖冬期，並且不再回頭。

　　對夏季來說（如圖 3-2(C) 所示，以七月均溫為代表），早在 1950 年就已從涼爽的環境突然轉變而成高溫燠熱的型態，如 1950 年前後時期的均溫值（即紅色虛線），在 1950 年以後突然躍升，且近年來高溫屢破紀錄，如 2007 年即是台灣百年來最高溫的七月（該年七月的均溫達 29.9℃），為有氣象紀錄以來的最高值。如今在台灣的都會區，夏季若沒有空調，是個令人難以忍受的折磨。

日夜溫差降低，相對溼度減少

　　除了季節性的明顯改變外，另一個與暖化相關的現象是日夜溫差的減少，台灣的日夜溫差自 1980 年後也大幅降低約 15%，如圖 3-3(A) 所顯示。該圖的紅虛線為 1980 年前後二時期的平均值，如同台灣的一月均溫變化，日夜溫差也是在 1980 年以後，突然大幅減少。台灣在 1900 年代的日夜溫差幅度平均約為攝氏 8 度，最近十年來已

縮減到攝氏 6 度。

　　台灣日間最高均溫（即中午時刻）的變化率較小（如圖 3-3(B) 所示），百年來約提升了 0.6℃，但近二十年來上升速率有增加的趨勢。

　　台灣夜間最低均溫（即午夜時分）持續上升的趨勢非常明顯，百年來約提升了 1.6℃，約為日間最高均溫上升率的兩倍以上，1980 年以後的夜間最低均溫再也沒有低於長期平均值（20.2℃），且在持續快速上升。

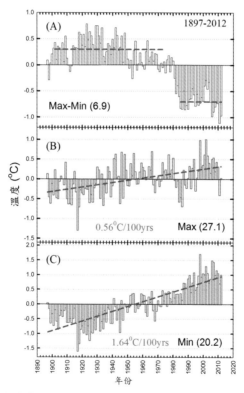

圖 3-3　氣溫的上升，也減少了日夜的溫差。(A)是日夜均溫差，(B)是日間最高均溫，(C)是夜間最低均溫；各圖括弧中的數字為 1987 至 2013 年的平均值，也是各圖的基準值，長期的線性趨勢以紅色虛線表示。

資料來源：中央氣象局

　　由於夜間最低均溫增幅迅速，日夜溫差大幅降低，1980 年代以後台灣發生大雪、結霜、起霧的日數大幅度減少，同時相對溼度也快速降低，如圖 3-4 所顯示，台灣的相對溼度呼應日夜溫差的變化，自 1980 年以後相對溼度的下降也呈現跳躍性的演變。

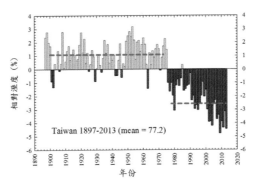

圖 3-4　這是台灣長期（1897 到 2013 年）相對溼度變化趨勢圖；紅色虛線為 1980 年前後二時期的平均值，括弧中的數字為 1897 到 2013 年的平均值，也是本圖的基準值。

資料來源：中央氣象局

　　例如在 1950 到 1960 年代，冬末春初的時候，台北早上起來經常看到霧；霧起到一個地步，真的是看不到十公尺以外的地方。台北市在六十年前，一年起霧的時間約有 180 天，現在則一年還不到 10 天。

　　當起霧時間減少了，當霜露不再結了，就表示台灣的水文條件正快速改變，對糧食作物的生產、植物的生長及病蟲害的防治，都有極大的負面效應。

　　日夜溫差的減少與雲量增加、懸浮顆粒增多、土地利用、都市熱島效應都有高度相關性。因此，這個改變是自然變化結合人為汙染的綜合結果，也對生態環境造成衝擊。

盆地的熱島效應增強

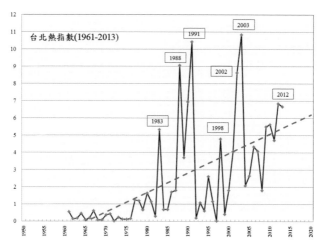

圖 3-5　台北盆地的熱島效應正在快速升高中。台北盆地的熱指數可以用每年日均溫超過 30℃ 的總日數，連續發生的日數，以及每年 30℃ 開始與結束的期間長短做為指標。圖中熱指數特別高的年份都與聖嬰現象或反聖嬰現象有關。

資料來源：中央氣象局

圖 3-6　台灣在 2011 年 7 月 24 日中午的溫度分布圖，圖中可以看到台北盆地的溫度非常高。

資料來源：中央氣象局網頁

　　雖然台灣 2011 年的冬天氣溫偏低，加上北方的冷高壓一波波南下，許多人都有「不勝寒」的感覺，過去收藏在櫃子裡的厚重冬裝都紛紛現身。其實由長期的溫度趨勢觀察，自 1980 年代以後，台灣已經邁入暖冬期，即便有低溫壓境，也不復往日的寒冷情景。

　　以台北地區來說，在 1960 年代初期曾經出現的攝氏零度低溫，已成絕響；尤其 1986 年以後，台北市的最低溫已經探不到七度以下。說得更明確些，氣候暖化後，雖然天氣形態呈現極端的變化，但是冬寒與夏暑之間的差異比率越來越小，低溫的日子越來越少，高溫襖熱的天氣卻越來越多。

　　因此我們要珍惜目前還可以享受的低溫天氣，以後這樣的機會真是不容易遇到了；而將要接續而來的夏季，卻有很大的機率將會是非常高溫溽暑，屆時大家反而會懷念以往冷颼颼的感覺。

　　隨著氣溫不斷升高，以及都市化的擴張，夏季的熱島效應更是持續增強，尤其台北盆地因地形較封閉的因素最為嚴重。在 1980 年以前，每年台北氣象站記錄日均溫超過 30℃ 的總日數都在 30 日以下，但 1980 年以前已開始快速上升，最高可達 61 日。

　　未來日均溫超過攝氏 30℃ 的日數仍將會快速增加，對高溫中暑、流行病防治、環境衛生、尖峰用電等問題都會有重大衝擊。因此，台北盆地在暖化環境下，未來發展所要付出的代價將極為高昂，應慎重考慮將台北盆地人口向外疏散，降低盆地內的災害風險與環境負載。

　　2003 年 8 月熱浪席捲歐洲，使法國熱死了兩萬人，全歐熱死超過三萬人。此後，歐美、中國許多城市陸續建立熱浪警報系統。中國上海市只要連續兩日最高溫達攝氏 35℃，便發布熱浪警報。

台灣相對溼度高於大陸型氣候，人體更難出汗散熱，使身體感受溫度更高，若高溫達 34℃ 以上，就可能熱死人；尤其年邁、心血管疾病患者，熱浪致死只需短短一小時就夠。政府應該開始建立熱浪警報機制，減少民眾傷亡。

百年來的降雨型態

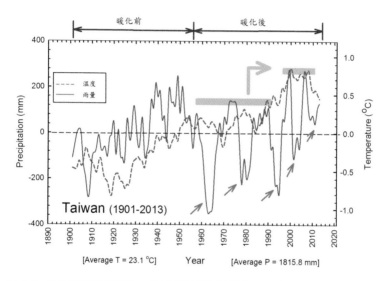

圖 3-7　百年來的溫度變化，也牽動著降雨的變化。台灣自 1901 至 2013 年溫度（紅色）及降雨量（藍色）長期變化趨勢圖；1950 年之前為「暖化前」，1950 年以後為「暖化後」。黑色虛線代表基準值（1901 到 2013 年的平均值；溫度＝23.1 度，雨量＝1815.8mm），綠色箭頭表示乾旱發生時期。粗灰色線代表降雨強度自 1980 年以後突然躍升的態勢。

資料來源：中央氣象局

　　由於地表熱能不斷累積，帶動各項環境參數（多夏季節、日夜溫差、相對溼度等）的變化呈跳躍式的改變，連帶使得降雨形態也朝二極化發展。

　　由圖 3-7 可以看出，台灣過去一百年的年均溫持續上升，暖化現象相當明顯，主要原因是受到全球溫室效應及區域性人為開發的影響。然而台灣的降雨量在這段氣候暖化的過程中，卻呈現了二種完全不同的變化形態。

　　在二十世紀的前半期為「暖化前」（1901 到 1950年），台灣的年均溫絕大部分低於百年平均值，這個時期台灣降雨變化幅度小，且呈穩步增加的趨勢，降雨大致與溫度的變化平行演變，也可以說是台灣一段風調雨順的年代。

　　進入二十世紀的後半期為「暖化後」（1951 到 2013年），台灣的年均溫開始跨過百年平均值的門檻，且在1980 年後加速上升；這個時期台灣降雨變化已與溫度趨勢脫鉤，在二十世紀的前半期降雨量明顯增加的趨勢消失，所呈現的是上下大幅震盪。尤其降雨強度在 1951 到1980 年間的高峰值（～150 mm），與 1981 到 2010 年的高峰值（～300 mm）呈現兩倍的差距，又是一個十分明顯併同跳躍式的改變，造成近年來超大豪雨的規模迭破過去的紀錄，如賀伯、桃芝、納莉、敏督利、莫拉克等颱風所帶來的慘痛教訓。

　　另一項有趣的觀察是氣象乾旱期的發生，也就是圖中藍色曲線的極低值，在二十世紀前後期也有十分不同的發生頻率，如圖中綠色箭號所示。在 1950 年以前，只在 1900 年代後期發生一次低雨量的乾旱期；然而在 1950年以後，卻反覆發生了四次：1960 年代中期、1980 年前後、1990 年代初期，以及 2000 年代初期。最近 2010 年代初期又有一個小乾旱，但是已經沒有嚴重的衝擊了。而這些乾旱期的發生，不但次數多，頻率也加快了。例如1960 年代中期與 1980 年前後，還間隔了 15 年，之後的乾旱期間隔都在 10 年或小於 10 年。

台灣地區氣象乾旱的發生，除了全球氣候暖化的影響外，東亞地區空氣汙染惡化及太平洋周圍含硫量高的火山噴發活動都是可能的因素。這些現象的觀察，都指出氣候暖化確實已對台灣降雨型態的演變，朝不利的方向發展。

 區域性降雨型態朝極端化發展

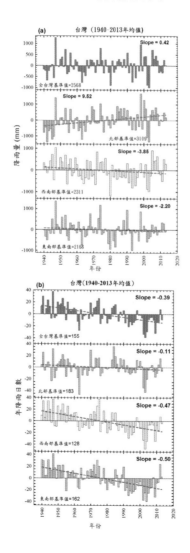

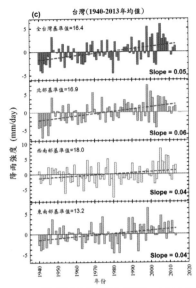

圖 3-8　台灣各地的降雨型態正在朝極端化發展。1940 到 2013 年台灣降雨
量(a)、降雨日數(b)、降雨強度(c)的變化趨勢圖。每個趨勢圖由上
至下分為台灣全區（藍色）、北區（灰色）、西南區（黃色）、東
南區（綠色）；圖中數值係基準值（1940 到 2013 年的平均值），
各個年度均與基準值比較並以距平值顯示。紅色虛線是線性迴歸結
果，代表長期趨勢，它的顯著度可由斜率的大小表示。

資料來源：中央氣象局

　　若仔細觀察台灣區域性降雨的時間及空間分布趨勢，
如圖 3-8(a) 所顯示，自 1940 年代以來，台灣全區的平均
降雨量長期趨勢大致平穩，但是北部及西南部、東南部卻
有方向清楚且相反的降雨量趨勢，一條隱形的乾溼分隔水
文線已經沿著新竹及花蓮之間形成；在北側降雨量逐漸增
多，而南側則逐漸減少。這個發展表示台灣南北地區降雨
量的差距正向趨於擴大的方向惡化，是台灣水資源管理最
大的隱憂。

　　在相同降雨量的條件下，降雨日數的多寡與洪澇－乾
旱的發生，以及水資源的調配息息相關。整個台灣的平均
降雨日數，如圖 3-8(b) 所顯示，自 1940 年來，台灣各地

區長期變化是持續遞減,與降雨量的變化型態顯然不同。以區域而言,北部地區相對和緩,西南部及東南部地區則是明顯且快速的減少,尤其 1990 年以後,西南部及東南部地區的年降雨日數比 1940 年代降低了一個月以上,下降趨勢驚人。

另一方面,整個台灣的平均降雨強度與降雨日數的變化型態剛好相反,如圖 3-8(c) 所顯示,自 1940 年來長期變化都是持續升高。尤其豐雨期的降雨強度,北部地區的增加率是東部的兩倍,西南部地區近年也不斷增高,都是要特別注意的發展趨勢。

 ## 可怕的颱風

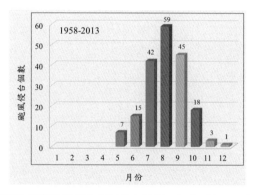

圖 3-9 台灣平均每年的颱風在各月分布狀況,七月到九月最多,六月及十月次之。
資料來源:中央氣象局

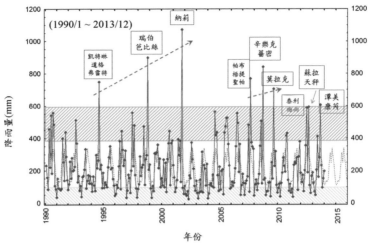

圖 3-10　自 1990 年 1 月以來，颱風帶來的極端雨量，可在台灣的月雨量的
　　　　　時序圖上觀察出來，對我們的影響也越來越大。

資料來源：中央氣象局

　　氣候暖化不但提高了海水的溫度，也對颱風的形成提升了動力，並且帶來可怕的後果。

　　回顧過去的紀錄，的確可以看到，每年夏季到秋季都是颱風侵襲台灣的高危險期。以 1958 到 2013 年的期間來說，共有 190 個颱風侵襲我們，其中有 77% 是發生在七至九月的，次高的月份是十月及六月，分別占了 9% 及 8%；因此，我們的危險時期就在夏季，千萬不能掉以輕心。

　　隨著海水溫度不斷上升，不但颱風發生的機率增大，風力及暴雨強度也會大幅增高。台灣在 1990 年以後的氣象紀錄就充分顯示出，颱風所帶來的極端降雨事件的發展越來越快，衝擊也越來越強；關於降雨極端性的增高，近二十年來的紀錄就是讓人怵目驚心的典型例子，如圖3-10 所示。

　　一般而言，台灣地區正常月平均降雨量的變化範圍是

在 110 到 340 mm 之間，若月平均降雨量大於 380 mm，就表示會有水患發生（如圖中的綠色區）；而月平均降雨量若連續低於 100 mm 就會造成乾旱（如圖中的黃色區）。觀察 20 年來的降雨情形，可以清楚的看出，約有三成五的期間裡，洪澇與乾旱會在台灣反覆的發生，這是我們必須經常防範因應的。

在圖 3-10 中值得注意的是，1994 年 8 月，因有三個颱風（凱特琳、道格、弗雷特）連續襲台，使得該月的平均降雨量陡升到 750 mm，約為正常變化上限的兩倍；而 1998 年 10 月，有兩個颱風（瑞伯及芭比絲）連袂侵襲北台灣，該月的平均降雨量更高達 900 mm。然而更令人驚訝的是 2001 年 9 月的納莉颱風，單單這一個颱風就使得該月的平均降雨量超過了 1000 mm，打破了百年來的觀測紀錄。這三個超大豪雨的事件，不但在短短數年間連續發生，颱風所帶來的豪雨量更是一個強過一個，正明確的反映台灣降雨強度日趨增高的趨勢。

同樣的情形，近期又重複發生了！2007 年 7 月，又是三個颱風（帕布、梧提、聖帕）連續襲台，情形類似 1994 年 8 月；2008 年 9 月，兩個颱風（辛樂克及薔蜜）連袂造訪台灣，該月的平均降雨量也直逼 1998 年 10 月。更沒料到的是，2009 年 8 月，一個莫拉克颱風所帶來的雨量，又重創南台灣，歷史真的是會重演的。

然而，前一次的三個超大豪雨的事件，間隔的時間分別是 4 年與 3 年；最近的系列卻都大幅度縮短到只有 1 年左右。這個現象顯示出，由於地表熱能持續累積，大自然的極端事件的發展時間真是越來越快，讓人應接不暇。然而雪上加霜的是，近年來梅雨期所帶來的豪大雨強度也日形嚴重，成為我們另一個新的威脅，不可輕忽。

其實聯合國早已不斷發出警訊：在全球暖化過程中，

異常的高溫、乾旱、颱風、豪雨、寒潮、暴風雪等，都將在世界各地頻繁的出現。展望未來，全球氣候暖化的趨勢仍將持續升高數個世紀；對於這樣一個不利的情勢發展，我們當然要嚴加防範，提高警覺。台灣半世紀來不斷發生的乾旱與豪雨，就是一次又一次的在提醒我們，希望我們能夠學到功課，記取慘痛的教訓，時時做好萬全的防範準備。

 脆弱的能源

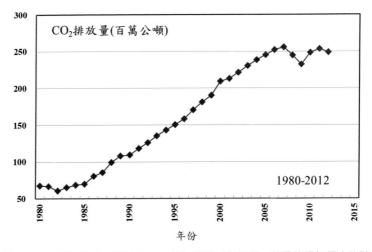

圖 3-11　台灣能源的消耗自 1990 年以來就大幅增長，連帶使得每個人的碳排放量偏高，必須盡速調整。

資料來源：經濟部能源局

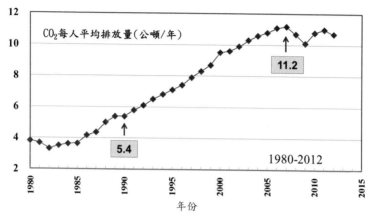

圖 3-12 台灣每人年平均的碳排放量在 1990 年就達 5.4 公噸，2007 年更高達 11.2 公噸。

資料來源：經濟部能源局

　　以能源來說，台灣 98% 都靠進口，脆弱度實在太高；加上我們溫室氣體排放量名列世界前茅，已經無法逃避大幅提高能源效率、減少溫室氣體排放的壓力，我們只有努力配合聯合國氣候變化公約的規範與要求，快速推動整個能源系統的改革。

　　另一方面，由於能源進口依存度太高，一旦進口受到限制（不管是人為戰爭，或是自然災難的因素），我們將立即面臨沒有能源可用的困境。因此利用台灣現有的在地資源，如風、太陽、水力、潮汐、洋流、地熱等，全力推動能源多元化，是我們無法逃避的重大課題。

不足的糧食

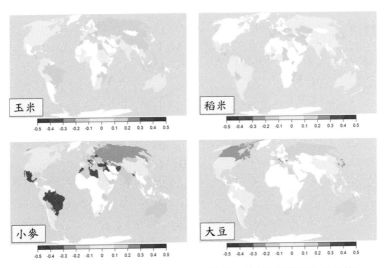

圖 3-13　糧食生產會受氣候暖化的嚴重衝擊，也加深饑荒發生的危機。
本圖修改重繪自：《科學》（*Science*）期刊，2011 年，333 卷，619 頁。

圖 3-14　糧食生產會受氣候暖化的嚴重衝擊，也加深饑荒發生的危機，這張圖顯示了全球
在 2000-2007 年間發生饑荒的危險指數分布，其中有 29 個國家位列危險區，特
別是非洲及南亞地區。
資料來源：國際糧食政策研究院（International Food Policy Research Institute）

　　拜全球化之賜，台灣目前糧食的進口率高達 70%，導致耕地的面積十多年來不斷減少。加上氣溫不斷升高，降雨極端性加大，海平面上升淹沒沿海土地，不但不利糧食的生產，也將會使糧食的流通性大幅縮減。如同能源的風險一樣，這是台灣潛藏的重大危機，不利未來的發展與防災。

　　以國家安全來說，穩定的糧食供應是最重要的基礎條件，因此台灣必須加速改弦更張，一方面利用現代科技改良糧食作物的基因，以能適應高溫、極端天氣的環境，維持產量；另一方面增加本地糧食的耕地面積，改進耕作方式，務使糧食的自主率可以倒過來，從目前的 30% 提高到 70% 以上。

　　未來熱浪及降雨會更趨極端化，不利糧食的生產，台灣必須妥善因應；選擇培育耐熱、耐旱的品種。此外，糧食的保存及儲藏，是要好好提升的科技問題。

 ## 堪慮的公共衛生

受地球暖化影響，春天提前報到，植物開花愈來愈早，花粉也愈來愈多，花粉過敏患者苦不堪言。

平均溫度每增加攝氏 1 度，蚊子的數量就會增加 10 倍，活動的領域也會擴大，給防疫工作帶來極高的挑戰。

圖 3-15　傳染病及過敏原隨氣候暖化將越發肆虐。（圖片取自網路）

　　聯合國政府間氣候變遷專門委員會（IPCC）第五次氣候變化評估報告已經從 2013 年 9 月底開始分批公布，也是我們衡量氣候變遷對自然環境與人類社會衝擊，以及評估如何因應氣候變遷衝擊的重要基礎。依據最新氣候預估情境推估，若是人類對溫室氣體毫無節制的排放下去，到本世紀末最壞的可能情境是在世紀末升溫高達 5℃，海平面可能會上升近 1 公尺；比前一次（2007 年）評估升溫最高 4℃，海平面最多上升 60 公分的結論要更為嚴重。因此，我們面對的是一個既高溫又變動極大的未來。

　　世界在未來數百年所要面對的熱浪將會是人類從未體驗過的。人類是溫血動物，身體會自然散熱。如果人體散熱的速度低於所產生熱量的速度，身體就會不適，降低生產能力，甚至引起中暑，危害生命安全。過去六十年以來，地球日益炎熱潮濕的天氣，已使勞動者的生產率下降了約 10%。預計到二十一世紀中葉，下降的幅度可能還會翻上一倍，「酷熱假」已經不是想像的名詞了。

　　都市為人口聚集、人類經濟活動的中心，雖然都市面積僅占地球表面積約 1%，但容納了全球 50% 的人口，消耗世界約 75% 的能源，排放出 80% 的溫室氣體；估計至 2030 年，全球將有三分之二的人口都居住於都市環境。

　　溫室效應與全球暖化造成氣候快速變遷，極端的天氣氣候事件導致洪水、乾旱、熱浪侵襲、森林大火、病蟲害及傳染性疾病等事件頻傳，對都市經濟乃至居民生命安全都造成可怕的威脅，生態系統也面臨嚴重的破壞。

　　2010 年夏天，俄羅斯的莫斯科市遭逢從未有的熱浪侵襲，氣溫一下子從攝氏 25 度飆升到 40 度以上，溫度非常的高。但是絕大部分的居民都沒有冷氣，所以很多人在睡夢中就過世了。在俄羅斯最高溫的時候，一個晚上死

亡人數差不多將近 800 個人，整個夏季，俄羅斯因高溫熱浪而死亡的人數有 5 萬 6 千人。

　　隨著全球化的發展，病毒及傳染病的傳播與流行將大幅增強，將使防疫工作的困難度更高。生態學家指出，全球的氣溫上升將為致病的微生物及植物害蟲提供更適宜的生長環境，已經使近年來人類疾病的發生個案顯著的上升。南美巴西的里約熱內盧在 2001 年至 2009 年間，若前一個月份的最低溫度每增加 1℃，便會造成下個月增加 45% 的登革熱案例；若增加 10 毫米的雨量，則會增加下個月 6% 登革熱的感染案例。

　　面對一個高溫的環境，未來公共衛生的衝擊將會越來越大，這是一個非常可怕的情況。

重要的水資源

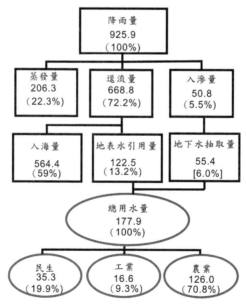

圖 3-16　台灣每年的降雨不少，可是利用率有限。（圖中數字的單位為億噸）

資料來源：經濟部水利署

關於水資源，台灣面臨的挑戰非常艱鉅。

過去半世紀來，由於氣候暖化所導致的降雨極端化，已使台灣地區常年為水所苦。乾旱與洪患，已經成為我國經濟社會未來會持續發展的重大制約因素和瓶頸。

台灣一年降下來的雨水約有 900 億噸，其實每年的雨水都是大自然的寶貴恩賜，如何將豐沛的雨水資源化，是我們在因應乾旱與洪患兩個對立難題的重要策略。如果每年豐沛的雨水真能得到安全有效的利用，則台灣多數地區水資源供需壓力就能有所緩解。不但可以提升水資源的穩定，還可以從都市防洪及民生用水的面向，擴大到農業及工業多目標的串聯系統，在空間及時間的運用上形成整體化，開創國家整體發展的競爭力，也就是將災難轉化為祝福。

過去半世紀以來的地表升溫及負面的降雨趨勢變化，已經對台灣水資源運用產生下列幾方面的衝擊：

一，地表水的引用量因降雨極端性升高而日漸降低，也就是說，自 1980 年以後，平均每年地表水的供應量會減少 1 億噸。

二，地下水為了彌補地表水的不足而開始超限汲取，自 1990 年以來超限的比重不足即居高不下，且超限使用的地區恰集中在降雨量逐漸減少的中南部平原地區，也是台灣的重要糧倉。當然，地下水長期透支，已經產生地下水位下降、沿海地區地層下陷、海水入侵、地下水質惡化等問題。

三，水庫的淤積因山區水土侵蝕作用大幅度增強而快速升高，台灣水庫的淤積量已經高達三成，未來折壽的比率還會增高。

水資源供應失衡

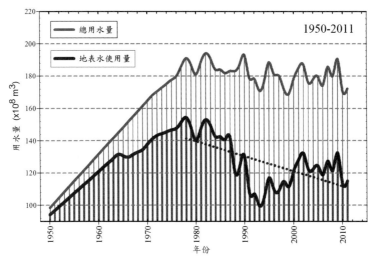

圖 3-17　氣候極端化已經深深影響台灣的水資源運用。台灣自 1950 至 2011 年地表水及總用水量增長圖，縱座標 90 億立方公尺以下的部分略去，以放大地表水引用的長期趨勢。紅色實線代表總用水量，藍色實線是地表水引用的水量，紅色點線表示地表水引用下降的趨勢，地下水的汲用量即紅色直線部分。

資料來源：經濟部水利署

　　因氣候暖化在台灣所帶來降雨型態發生明顯且不利的改變形勢，產生的直接衝擊是：整體用水結構逐漸失衡，長期水資源管理將面臨更大困境。

　　台灣總用水量自 1950 年一直持續成長到 1980 年代的初期；約自 1980 年代中期開始，台灣地下水每年的使用量就因地表水的引用量下降而逐漸增加，且超過自然補注量，尤以 1990 年代初期最嚴重；超限區域當然也都集中在地下水使用量最大的中南部農業地區。

地下水長期透支

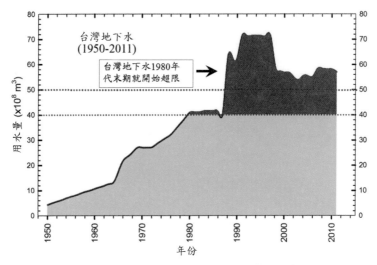

圖 3-18　地下水長期透支，使台灣付出了慘重的代價。

資料來源：經濟部水利署

　　台灣地下水的長期超限問題根源自地表水供應不足；而地表水的供應不足，除了河川汙染嚴重外，自然降雨量的長期減少趨勢卻是主要的因素。

　　地下水位就是台灣在陸域水資源裡的儲量指標，地下水位不斷的下降表示台灣的地下水儲量已經越來越少。

　　由於台灣地下水資源長期透支，已經衍生出地下水位下降、沿海地區地層下陷、海水入侵、地下水質惡化等一系列嚴重問題，甚至雲林地區的地層下陷中心持續向東北方移動，有危及高速鐵路營運安全的風險。

海平面不斷上升

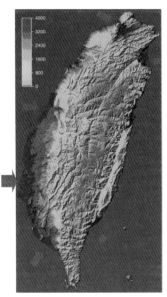

圖 3-19　海平面的上升將是台灣要嚴肅面對的課題。

　　伴隨氣候的長期持續暖化，未來將加速高山冰川及兩極冰原的消融，帶動海平面不停的上升，使沿海低平地區逐一為海水淹沒。

　　世界銀行在 2010 年公布的報告，曾評估海水面若上升一公尺，全世界沿海國家都將受到重創。其中最嚴重的前十名國家，台灣就列居其中。2009 年 3 月在丹麥哥本哈根舉行的國際氣候變化科學大會中，有關 2100 年之前海平面上升的預估，已經從 2007 年的最高 50 公分，大幅度上修到至少 1 公尺，等於是比二十世紀加快了至少五倍以上。

　　近年的衛星測高分析顯示，台灣沿岸驗潮站的海平面上升率已達 5.7mm/yr，遠超過聯合國公布的全球平均

值（3.1 mm/yr）。圖 3-19 深藍色區域都是海拔標高小於
20 公尺的地方，以台北盆地來說，標高小於 20 公尺的土
地面積約有四分之三。這些深藍色區域是海平面上升後，
台灣第一線會受到衝擊之處。因為除了海水面上升，還有
暴潮、巨浪；這些暴潮、巨浪所帶來的巨大破壞力讓海邊
的房子、建築物沒有辦法去承受衝擊。

未來海平面上升的危機將影響台灣的蘭陽平原、台北
盆地以及自彰化到屏東的西南沿海平原低地。這些地區大
多也正是發生地層下陷的主要區域，本來就容易淹水，未
來海平面不斷升高，形勢更趨危險。因此對台灣衍生的衝
擊絕對不能輕忽，長期的國土規劃是台灣要面對的另一項
艱難課題。

鑑於氣候暖化加速演變的緊迫情勢，我們不但要重新
規劃台灣的城鄉發展與配置，將重要的政經設施逐步遷
移到較高的安全地區，更需要未雨綢繆，嚴肅審視國土資
源的長期規劃，重新調整都會區範圍，有效利用可用的資
源，這是我們無法規避的重要課題。

危險的台北盆地

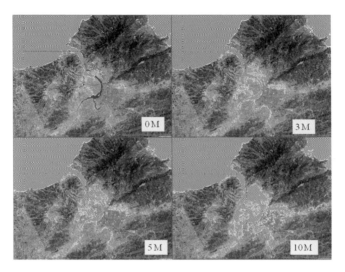

圖 3-20　台北盆地以前就有大湖存在，未來更是如此。

　　圖 3-20 為台北盆地隨海平面逐漸上升後，在 3 公尺、5 公尺、10 公尺情境的地形景觀。

　　台北盆地現在還可以安居樂業，擠進了 6 百多萬人，享受各樣建設的便利，可是前面數百年的光景真的很不樂觀。未來海平面會不斷上升，到 3 公尺、5 公尺、10 公尺的時候（請見圖 3-20），台北盆地大部分地區都會淹在水裡，變成沒有辦法居住，所以台北盆地一定要盡快規劃疏散，重要的政府機關、工業廠區也要遷移到其他地方。

　　其實五年至二十五年之內，台北盆地就會開始受到壓力，為什麼？因為一旦北冰洋夏季無冰的情景出現，海平面就會呈跳躍式的上升，台北盆地就會面臨史無前例排水及淹水的壓力。

　　設想一下，如果關渡平原被淹沒了，台北盆地的房地產就像股票市場整個崩盤一樣，沒有買的市場，只有賣潮湧現。那時所造成的衝擊，真的是現在沒有辦法體會跟想像的，對我們的衝擊真的會非常大！

　　其實未來台北盆地不單只是淹沒而已，當沿海暴潮起來的時候，所造成的傷害遠遠超過我們現在的估計。

 ## 僅存的台中盆地

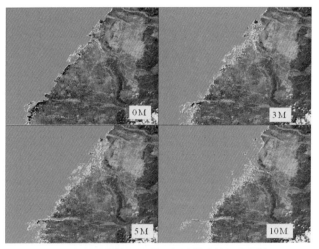

圖 3-21　台中盆地是台灣百年後僅存的平原低地。

　　圖 3-21 為台中盆地隨海平面逐漸上升後，在 3 公尺、5 公尺及 10 公尺情境的地形景觀。

　　台灣中部的台中盆地因為有大度山台地及八卦台地的阻隔，像二塊門板，把未來會不斷上漲的海水擋在外面，因此是目前五個都會區將來僅存完整的一區。

　　除了原有的台中盆地本身，還可以向南延展到名間、竹山一帶。這一大片的地帶，將是未來台灣在海平面上升

後，還能繼續存在與發展的平原區，應該視爲一個整體，作完整的規劃。

 ## 逐漸消失的台南、高雄、屏東地區

圖 3-22　西南部的沿海地區將不可避免的要往高地搬移。

　　圖 3-22 是南部地區隨海平面逐漸上升後，在 3 公尺、5 公尺、10 公尺情境的地形景觀。

　　在明朝末年，鄭成功登陸台灣的時候，台南鹿耳門一帶還是海岸區，當時的台江內海還可以行舟，停泊船艦。四百多年來，隨著地殼的上升、人口的增加，都會區的發展，台江內海早已消失無蹤，台南地區的海岸線也向西拓展了數公里。

　　然而，未來因海平面的上升，台灣南部的台南、高雄、屏東沿海地區，將會在百年的時間尺度裡有大幅度的改變，海岸線將會開始向東內縮。

　　尤其是形狀有如長方形的屏東平原，由於地形低平，

海平面上升帶來的影響更大，也是台灣西南部因海平面上升受創最嚴重的地區。

淹沒的蘭陽平原

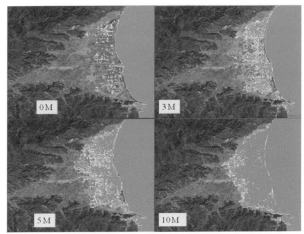

圖 3-23　蘭陽平原的未來堪慮，我們要妥為因應。

　　圖 3-23 是蘭陽平原隨海平面逐漸上升後，在 3 公尺、5 公尺、10 公尺情境的地形景觀。

　　台灣是板塊作用的活躍區，受到地殼不斷的擠壓，從六百萬年以來一直緩慢的抬升，可是蘭陽平原卻是唯一下沉的平原區，因為它是沖繩海槽向南延伸的一段，由於沖繩海槽還在持續的張裂，正在逐漸向下沉，蘭陽平原也以每年約半公分的速率緩慢降低。

　　未來因氣候暖化，海平面不斷升高，蘭陽平原反而在下沉，如此一升一降加成的效應，使得蘭陽平原將成為台灣未來被淹沒最嚴重的區域，我們應該要正視這個嚴重的問題，及早做好完善的規劃。

肆 全球暖化與我們的未來

一個未來的夢

圖 4-1　經過二十年的時光，李伯發現家鄉的景物全非。未來，我們的家鄉
　　　　會是什麼光景？
資料來源：美國畫家 Tompkins H. Matteson（1813-1884）的油畫，1860 年繪。

圖 4-2　台中東海大學校園內的路思義教堂，宛若一雙禱告的手，默默祝福
　　　　台灣這片土地，不因時間流轉近半世紀而改變。

　　如果美國文學家歐文（Washington Irving）的小說
《李伯大夢》（*Rip van Winkle*）的主人翁，在今天突然

沉睡二十年。當他再度醒來時，也就是 2037 年，他所看見的世界會是什麼景象？

劇情一：李伯發現身處在一個完全嶄新的世界裡。工業化的國家已經不再使用石油作為交通工具的燃料，因此各國不需要為爭奪石油資源而兵戎相見，軍火工業蕭條沉寂。電力已經改由縱橫交錯的風力及太陽能發電網所充足供應，並生產豐富的氫燃料提供大家奔馳在高速公路上。臭氧層破洞的問題解決了，惱人的酸雨消失了，全球暖化的趨勢也逐漸好轉。過去靠石油致富的國家，現在都轉投資到可更新的能源產業；節能科技成為企業及個人節稅的重要項目；經濟體質已成功轉型為可持續發展的制度。這是一個空氣乾淨、環境宜人、世界和睦的美好環境！李伯愉快的想：他真是美夢成真。

劇情二：李伯被四周的狂風暴雨所驚醒。從南邊吹來的炙熱氣團與從北方沉降的嚴酷冷鋒正快速激烈的互相較勁。在他沉睡的二十年裡，過量的二氧化碳及其他的溫室氣體持續不斷的被大量的排放到大氣層中。沒有四季分明的季節了，整年都是可怕的颱風及豪雨在各處肆虐。世界上百分之十的海岸地區已被高漲的海水淹沒。農業生產由於乾旱及洪澇反覆發生而年年歉收，半數以上的人口每天在饑餓的生活中掙扎，燃料及飲水嚴重缺乏，致命的疾病到處流行。由於各國政府的忽視，再生能源科技的發展遲緩，石油已經耗竭，各國拼命搶奪剩下的煤層及可用的資源。由於能源供應不足，社會發展嚴重倒退，人際間的關係越發封閉。李伯悲哀的想：他是不是正在做一個可怕的惡夢？

以上兩個場景哪一個將會是我們的未來？

當未來兩、三百年的期間裡，世界氣溫繼續上升，海水面不斷抬高，我們已經離開了過去穩定熟悉的環境，擺

在我們前面的，眞的是一個全然陌生的場景：氣候變化更極端，自然災害更凶險。我們現在引以爲傲並深深仰賴的科技與文明，在強大的自然力量下，其實都脆弱不堪。

我們的未來其實取決於我們當前作出正確的選擇，並認眞踏實的做下去。這是一條困難艱辛但是卻一定要堅持下去的路，我們只能穩步向前，千萬不要回頭。

國際現勢的提醒與警告

圖 4-3　地球大氣層的溫室氣體含量正年年上升，圖中的數字就是每個年度大氣層中二氧化碳的濃度。

資料來源：修改自 CO$_2$NOW.org 網頁，http://co2now.org/

《京都議定書》自 2008 年實施以來，已獲得有效的成果，參與國家的溫室氣體排放量已經達到比 1990 年時排放量少 8% 的目標。原來已開發國家在 1990 年的溫室氣體排放量，約占全球總排放量的六成，如今已降到五成以下。這個值得喝采的成績，爲降低未來氣候極端的風險，注入了清新的活力，也給世界帶來盼望。

然而，《京都議定書》的第一期已於 2012 年年底屆滿，2011 年 12 月在南非東部濱海城市德班舉行的「聯合

國氣候變化框架公約」第 17 次締約方會議，決定建立德班增強行動平台特設工作組，實施《京都議定書》第二承諾期，並啓動綠色氣候基金。接著 2012 年的「杜哈會議」及 2013 年的「華沙會議」對於後京都時期的減量責任與氣候變遷因應對策，都沒有產生具體的結論，要等到 2015 年到巴黎召開會議時再做實質的處理。

迄今爲止，全球遏制溫室氣體排放的承諾還遠遠不足以防止極爲危險的氣候變化衝擊，我們需要持續推動減量的工作。可是從目前發展的情勢觀察，在「京都議定書」第二期的存續問題上，已開發國家與開發中國家仍有爭執，使我們對德班氣候大會的後續發展無法有樂觀的期待。

根據聯合國「政府間氣候變化委員會」（IPCC）於 2012 年 3 月所公布的一份特別報告：「管理極端事件與災難風險以提升氣候變遷調適」（簡稱 SREX），全球持續暖化將使得未來極端氣候更常出現。2011 年在日本、澳洲、美國、紐西蘭、中南半島、巴基斯坦、中國大陸、南美所經歷的地震、海嘯、龍捲風、暴風雪、洪水、乾旱、山崩、土石流，只是未來更強、更大災難的序曲。

以泰國曼谷爲例，自 1983 年發生嚴重的洪澇後，泰國政府便投入大量的資金建造排水和蓄水系統。曼谷已建有 200 個防洪閘門、158 個抽水站、7 個巨型地下水道，和 1682 條總長 2604 公里的運河。不過，這些系統主要是以曼谷本地遭受豪大雨的情況而設計，卻對 2011 年雨季來自北方的滔滔洪水根本無法應付，顯示過去的防災規範已經不符現今的需求，更談不上去面對未來的衝擊；這也正是世界各國共同面臨的困境。

2012 年 3 月 IPCC 的 SREX 報告也明確指出，二十一世紀全球各地破紀錄高溫出現的頻率和強度都會增

加：高溫快速的提升，將使得 2050 年時，地球最高溫度就可能就提高到攝氏 3 度，遠遠超過以前保守的估計。IPCC 希望這份報告為氣候極端現象與相關災難的風險管理，提供堅實的科學基礎，並敦促各國政府做出適切的規劃，盡早採取有效的對策。

面對危機重重的未來，台灣絕對不能輕忽這樣的提醒與警告。

 ## 人類紀來臨

圖 4-4 由太空中看夜間地球的著名照片，人類已廣布全球。科技不斷進步，提升人類的生活，也改變了我們的環境。

圖片來源：美國空軍防衛氣象衛星計畫（United States Air Force Defense Meteorological Satellite Program's Operational Linescan System）

圖 4-5　台中盆地的衛星影像，圖中可以清楚看見人為開發的痕跡，也是人類改變環境的印記。
圖片來源：中央大學太空及遙測研究中心

　　2002 年的諾貝爾化學獎獲得者保羅・克魯琛（Paul Crutzen）在《自然》期刊的文章，首次正式提出「人類紀」（Anthropocene）的概念。

　　在地球漫長的四十六億年的歷史裡，只有最狂暴的自然作用，才會留下清晰、持久的印痕在化石紀錄裡。

　　例如，在約 6500 萬年前，一顆巨大的隕石衝入大氣層，墜落在今天墨西哥的猶加敦半島地區。它沉重地撞擊，在世界各處引發了大規模的火山爆發。火山噴氣及灰塵遮蔽了天空，引發了全球開始變冷的進程，也結束了恐龍的世代，以及絕大部分的物種。

　　關於「人類紀」是否夠資格列入地質年代時間表裡，地質學界還有很多的爭議，一時之間難有定論。但是若這個概念成立，就意味著人類活動對地球所造成的影響，已經升級到可與冰河作用、物種大滅絕、小行星撞地球等非常強大的自然作用相當。

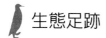

　　也就是說，千萬年以後，在未來的地質化石紀錄裡，可以描繪出一段清晰的人類活動期，就像今天的我們能夠分辨出侏羅紀恐龍的活動，或寒武紀初期的生命大爆發一樣。

　　無論如何，對人類來說，這都是一個深具警醒意味的概念：我們人類的活動已經起了關鍵的作用，將在地球的演進歷史上，刻畫出我們始料未及的印記。

　　當然，這位荷蘭化學家在二十多年前，第一次把平流層的臭氧問題擺在世人面前時，就深刻的體會到人為作用的影響。

　　從二十世紀 30 年代開始，一種人工合成的化學物質氟利昂（主要用於冷凍劑、清潔劑、發泡劑、抗凝劑等的原料），就一直在悄無聲息地破壞臭氧層。直到 80 年代中期，科學家在南極的上空發現臭氧層的驚人破洞，這個問題才得到國際社會的普遍關注和補救。除了核子武器之外，這是人類第一次意識到，人類活動釋放的少量物質竟然會對地球環境造成如此重大的影響。

生態足跡

圖 4-6　環保署的碳足跡圖像，提醒我們要過環保的生活。圖片取自行政院環境保護署網頁。

圖片來源：行政院環境保護署網頁 http://www.epa.gov.tw/

　　人活在世上，爲了維持自身生存，必然會對自然資源產生需求與消耗，包括食物、能源、居住、交通、水等等，因此也對地球環境產生影響，也就是留下「足跡」。「生態足跡」是用以衡量人類的活動，對地球生態系與自然資源會造成多少需求的一種分析方法，也是將人類對自然資源的消耗與地球生態涵容能力作爲比較。由於世界貿易不斷全球化的緣故，一個都市所消耗的資源，未必都在當地生產，有許多是由其他地方運輸而來。

　　雖然每個人的「生態足跡」深淺或許不同，但基本上人類數目越多，「生態足跡」就會越明顯。

　　自人類開始踏上地球表面的大部分時間裡，我們的「生態足跡」一般是很小的。尤其是農業時代以前，與其他動物一樣，人類是以捕獵爲生，完全依賴於自然所提供的食物、能量和資源，對於地球的影響幾乎可以忽略不計。當時世界上到處都是豐富的資源、未知的邊界、待探索的空間；在地球的山川大河、熱帶雨林裡，蘊藏著無限豐富的生物多樣性。

　　直到兩百多年前，蒸汽機和化石燃料的發明和使用，啓動了人口和消費呈現爆炸式的增長直到現在，人類開始以一種前所未有的規模、速度和強度，改變整個地球的物理、化學和生態的平衡結構。這種變化，即使以地質時期的紀錄爲尺度衡量，也是十分怵目驚心的。

　　如今地球表面已經面目全非，人類改造了 75% 的無冰雪覆蓋的土地，一半的森林被砍伐殆盡，19 世紀中葉以來修建的幾千座大型水壩，也已經大幅度的改變了地表徑流。

　　隨著化石燃料的使用和森林採伐，大氣中二氧化碳的濃度達到了數百萬年以來的最高值，從 280 ppm（也就是 100 萬個空氣分子中有 280 個二氧化碳分子）上升到接近 400

ppm。二氧化碳在大氣層中捕獲更多來自太陽的熱能，一方面把大氣層加熱，另一方面又滲入海洋裡，使海洋溫度增高，又使海洋酸化（目前已有 3% 的海洋被酸化）。很可能就在二十一世紀結束前，海水的酸度會達到使許多種類的珊瑚無法形成礁體，反映在地質紀錄中就是「珊瑚礁斷層」；自古生代以來的 5 次物種大滅絕，都曾留下了這樣的標記。

由於目前物種消亡的速率，是地質歷史紀錄的 100 到 1000 倍，許多科學家認為我們現在已經進入了第 6 次大滅絕。以這種速率繼續下去，到二十一世紀末，地球上可能會有一半以上的物種遭受滅絕，而這些變化都會顯示在未來的沉積物和岩石裡。

冰川、海洋、森林，都是地球完整生態系的一種邊界，是人類賴以生存的重要基礎。現在，它們卻在人類的「生態足跡」衝擊之下岌岌可危。哈佛大學生物學大師愛德華·威爾遜（Edward Osborne Wilson）曾說：「人類已經成為地球生命史上，第一個具有地球物理力量的物種。」但是，我們常常忘記一個基本事實：人類也是地球上唯一的一個物種，沒有任何別的物種需要依賴於我們的生存，而我們人類的生存卻要深深仰賴於這個由物理、化學和生物交互作用所造就的異常複雜而平衡的生命系統。

如果有一天這個系統真的嚴重失衡，地球會像過去一樣，經過漫長的進化，重新找到平衡，但我們人類呢？

十大指標印證全球暖化

圖 4-7　全球在氣候上的十大衡量指標正指出地球的生態平衡岌岌可危。

　　美國國家海洋及大氣管理局（NOAA）在 2012 年發表的「氣候狀況」報告指出，根據全球在氣候上的 10 大衡量指標，地球在近半世紀以來變得愈來愈熱，尤以近 10 年最明顯，這也是印證全球氣候暖化最清楚的證據。

　　NOAA 的報告是根據 48 國家、160 個研究組織、300 多名科學家提供的資料彙整而成，有關的觀測資料取自人造衛星、氣象氣球、氣象站、船舶、浮標和現地考察等途徑收集而得到的。

　　10 大衡量指標中，有 7 項指標（包含陸地溫度、海水表面溫度、海面上溫度、海水面、海洋熱含量、大氣溼度與大氣溫度）都在上升，而有 3 項指標（即是北極海冰、高山冰川與北半球冰雪覆蓋面積）則在下降。從上升的 7 項指標可以觀察出，地球已經從大氣、海洋到岩石圈的表層都在升溫，可以說是真正的「全球暖化」。另一方面，下降的 3 項指標也顯示出，能幫助地球降溫的功

能，就是大氣圈的降雪、陸地的冰川到海洋的冰層，卻反向的快速減少，進一步惡化了暖化的情勢。

這些分析匯集了從大氣高層至海洋深處的多種觀測紀錄，結果清楚的指出一個結論：我們的地球正在快速的變暖。在 2013 年 9 月 27 日，聯合國政府間氣候變遷專門委員會（IPCC）公布了第 5 次氣候變化評估報告的第一工作組部分，這份最新的 IPCC 報告中，不但證實了這 10 項指標的不利趨勢，更進一步的指出在海洋暖化方面，1971 至 2010 年間地球表面所累積的能量，約有90% 儲存在海洋裡；且在格陵蘭及南極西大陸的冰層融解將會更加速，是未來需要加強關注的地區。

這 10 大衡量指標，有如我們身體檢查報告裡的健康指數，明確的顯示地球的生態環境健康受到人為的影響，正在快速惡化，我們人類必須正視，並採取有效的挽救措施。

 ## 延後來臨的冰河期

圖 4-8　上次冰期的長毛象，如今已從地球上消失。
資料來源：http://a-z-animals.com/animals/woolly-mammoth/pictures/4073/

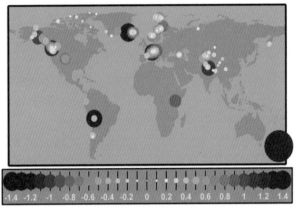

消融速率（公尺／年）

圖 4-9　因暖化的影響，從 1970 年以來，各處的高山冰川絕大部分都在消
　　　　融中。
資料來源：globalwarmingart.com 圖片重繪

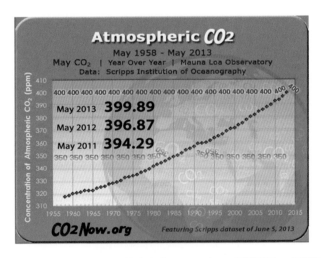

圖 4-10　地球大氣層的含量正快速上升，2013 年 5 月已到了 3 百萬年以來
　　　　的最高值。
資料來源：CO₂NOW.org 網頁，http://co2now.org/

　　2012 年全球的碳排放量達到 316 億噸，以致到 2013
年 5 月，大氣層中的 CO_2 濃度升到歷史的新高，高達

399.89ppm，這是 3 百萬年以來的高峰值。

依照最近的模式研究，地球要進入下一個冰期，大氣層中的 CO_2 濃度必須在 240ppm 才會啓動。在工業革命的時候，大氣層中的 CO_2 濃度約爲 280ppm，按照地球與太陽之間軌道運行的變換關係，地球原本應該逐漸降溫，慢慢降低大氣的溫室氣體含量，開始邁向下一個冰期；但是受到人類過量排放溫室氣體的影響，我們已經在百年到千年的尺度上改變了地球氣候演變的方向。

依照目前的估計，在未來的 1500 年之內，若沒有特別的因素介入，地球依舊會是暖烘烘的，不會邁入冰期。因此，未來高山沒有積雪，兩極冰原大幅萎縮，甚至消失。

目前大氣層中溫室氣體的濃度持續且快速的增高，無異是在火上加油，在地球還來不及調整回來的期間裡，我們人類及生物界所要遭受的衝擊難以想像。

一個沒有國界的戰爭

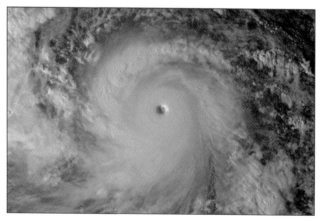

圖 4-11　2013 年 11 月 7 日，超級強颱海燕以時速 310 公里的風速登陸菲律賓中部，造成可怕的災難。

圖片來源：美國國家海洋暨大氣總署

　　氣候暖化改變我們的環境，也改變了我們的未來！如果我們不認真的去因應，就一定沒有辦法去好好的迎接我們的未來。這個史無前例的氣候快速變化，就像一個戰爭一樣影響每一個國家。

　　近年颱風暴雨的衝擊，必須動員國軍部隊救災。看2009年的莫拉克颱風帶來的水災，我們的戰車出動了，軍隊動員了。2010年俄羅斯森林大火，軍隊緊急出動去滅火；2011年中國大陸，在各地出動它的解放軍救災，去紓解環境極端變化所造成的傷害；2012年美國珊蒂颶風、2013年菲律賓的海燕颱風，都是牽動國家的整體資源去災區救援。

　　今天每一個國家都是一樣。巴基斯坦、泰國、印度、澳洲、日本，甚至連歐盟都是一樣要動用軍隊救災，就好像去打仗。氣候變化所帶來的衝擊，比過去的世界大戰所造成的影響其實還要深遠。

　　面對氣候暖化後所帶來的全新變局，每個國家都在進行生死存亡之戰。這是全國上下都要動員的整體戰爭，只是戰爭的對象已不是實體的敵人，而是我們過去錯誤所引起的環境危機與自然災害。

　　從世界的環境變局觀察，地球上的人類所面臨的是一個不可避免的高溫未來，也是一個難以掌握的明天。氣候及環境的變化幅度將可能會超過人類及大部分生物所能承受的範圍，影響的層面將涵蓋地球上每一個國家，每一個人及每一種生物，這是典型的普世性危機。

　　就氣候變化的性質和規模來看，沒有任何一個國家可以單靠自身的力量來面對這個挑戰，也沒有任何一個區域能夠逃避極端氣候變化的影響；人類需要在全球的架構下，共同攜手合作來因應極端氣候變化的衝擊，溫室氣體減量及環境保育工作已成為無可逃避的趨勢。

時間已非常緊迫，願我們這個世代的人都能裝備好夠用的智慧與力量，並且身體力行，腳踏實地的從本身做起，從漫無限制揮霍地球能源及資源、追求物質享受的生活方式，回歸到關懷環境、簡樸生活的新生活態度，引導我們的國家社會產生全新的改變，向著健康永續的方向邁步前進！

更多的災難

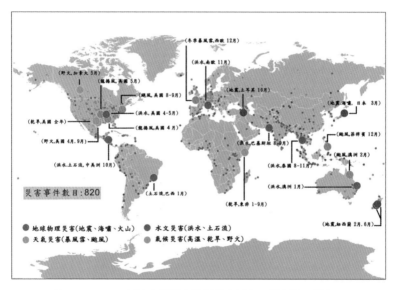

圖 4-12　2011 年的自然災害又創歷史新高，遍及世界各處。
資料來源：德國慕尼黑再保險公司

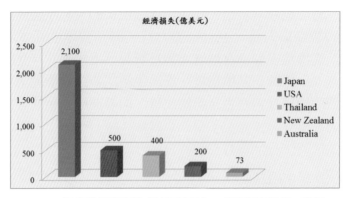

圖 4-13　2011 年的自然災害造成的經濟損失，打破歷史紀錄，超過 3800
　　　　億美元。
資料來源：德國慕尼黑再保險公司

　　根據德國「慕尼黑再保險公司」公布的報告顯示，
2011 年全世界已經發生了 820 起災害事件，打破過去的
紀錄，同時天然災害所造成的經濟損失已經超過 4000 億
美元（折合台幣約 11 兆 5 千多億元，約是民國 100 年政
府總預算的 10 倍），也創下歷史上的新高。

　　2011 年天然災害造成的經濟損失，以三月日本大地
震伴隨海嘯及核災的 2100 億美元最高，也是有歷史記載
以來代價最昂貴的天然災害。其次是美國暴風雪、龍捲
風、洪水、乾旱、森林大火等氣象災害等累積的 500 億
美元，第三名泰國在雨季發生的世紀大洪水，損失 400
億美元；紐西蘭基督城地震，損失約 200 億美元，位列
第四名，第五名是澳洲 2011 年一月間的超大洪患，損失
也高達 73 億美元。

　　換句話說，單單 2011 年的全球天然災害經濟損失，
便已超越 2005 年 2220 億美元的舊紀錄（當年的卡崔娜
颶風在美國造成 1250 億美元的損失），也比過去 10 年
的同期平均值要高出 7 倍以上。

2011 年所發生的天然災害，不但損失的金額非常龐大，還有幾個特點。第一，820 起災害事件雖然遍布各大洲，但是損失最慘重的都是已開發的進步國家，如美國、澳洲、日本、紐西蘭，顯示不論窮國、富國、強國、弱國，在強大天然災害威力下，都一樣無力抗拒。因此，加速做好節能省碳、全力發展低碳能源、減少對生態環境的破壞，都是減緩全球暖化、降低災害風險的最佳策略，我們已經沒有其他的選擇。

　　第二，2011 年雖然經濟損失高昂，但是人命的損失卻相對較低。例如 2010 年 1 月發生在海地的地震造成 22 萬多人死亡，俄羅斯夏季的破紀錄高溫熱浪也致使 5 萬多人失去生命，這兩次事件成為 2010 年死亡率最高的天然災害，主要的原因就是國家的基礎建設不良及應變能力不足，導致災難發生後死亡率大幅攀升。

　　2011 年日本大地震的能量是海地的 900 倍，但是死亡的人數只有 1 萬 5 千人；美國雖然遭逢 1600 多個龍捲風的重創，死亡人數也僅有 5 百多人。因此，完善的制度、健全的基礎設施、反應快速的救災系統是面對強大天然災害的威脅，卻可以大幅減少人命損失的基本條件。

　　第三，2011 年損失最慘重的前五名災害裡地震就有兩起，顯示地殼變動所釋放的能量，以及衍生的損失是地球大氣及海洋系統的災害難以匹敵的，這正是未來我們要面臨的可怕危機。

正在升溫的地殼

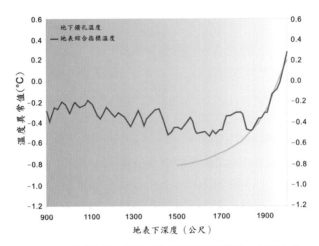

圖 4-14　工業革命後，地表下數百公尺的溫度也在不斷上升。

資料來源：美國國家科學基金會

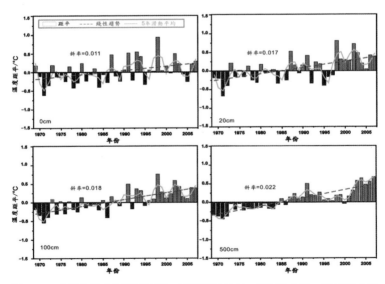

圖 4-15　台灣近數十年來的地溫，也與世界各處一樣同步上升。這是由 8 個氣象觀測站（成功、恆春、花蓮、嘉義、台東、台中、新竹、宜蘭）從 1969 到 2007 年的彙整紀錄，從左至右、從上至下依序為 0 公分、20 公分、100 公分、500 公分的升溫紀錄。

資料來源：中央氣象局

百年來氣候暖化不斷上升的趨勢，已經開始影響到我們的地殼表面。依照觀測的數據，除了南極大陸以外，目前世界各大洲的表層地殼都在快速地升溫，不但加劇氣候變化的極端性，也提高發生地震與火山活動的機率；若地震發生在海域，更會加上海嘯的衝擊。因此，對位在板塊邊界的台灣而言，加強防震及避災的教育與演練，並做好相關的預防措施，是絕對不能輕忽的。

2010 年規模超過 7 以上的地震次數已高達 24 個，2013 年也高達 21 個，以往每年平均為 13 至 14 個，顯示近期地震的活動，的確比較多。我們觀察 1990 年以來的大地震次數，百年來曾在 1950 至 1960 年代有一個地震活躍期，如今正邁入下一個強烈地震活躍期。地震次數頻繁，不單締造了新紀錄外，各處火山的連續爆發，正預告地殼的作用已邁向活躍期，我們必須小心應對。

杜拜「世界島」的教訓

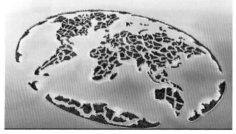

圖 4-16　杜拜的世界島建設可能成為鏡花水月。
資料來源：http://cherylchristie.wordpress.com/2011/01/25/islands-in-dubai/

近年來媒體報導中東杜拜著名的「世界島」建設案，是一個警惕我們的殷鑑。

這個頂級奢華的物業開發案，是由 300 座大小不同、藉由填海造陸的人工島嶼組成，整個群島組成了一幅世界地圖的圖案；因設計突出新穎，在該案推出的時候，一時曾有世界「第八奇景」的美譽。開發商在這些島嶼上建設豪華酒店和高級別墅，出售給億萬富豪，而住戶們使用摩托船、遊艇或者直升機在島嶼之間穿梭，享受與世俗隔絕的獨特海景。

沒想到因氣候暖化帶來海平面上升的影響，在 2003 年啓動的「世界島」計畫，不到十年建設工地已開始出現下沉現象，島上的沙灘正逐漸被海水侵蝕，島嶼之間的海上通道也逐漸被泥沙淤塞；加上金融海嘯造成的債務問題，「世界島」的開發工作已經喊停。

「世界島」的建設案，就是典型的狂傲加上短視所造成的結果。杜拜因石油致富，整個國家的建設亦以奢華聞名，只看到該國在財富上的炫耀，沒有爲氣候暖化所可能造成的危機，作好相關的因應措施。因此，「世界島」的失敗，只是未來一連串危機的第一個骨牌而已。

氣候暖化所帶來的環境衝擊是絕不能輕忽的，國家的建設必須以百年以上的尺度去作前瞻性的規劃與設計，若不把這個重要的因素考慮在內，一切建設都是蓋在沙土上的工程，將經不起未來的嚴酷考驗，不但浪費了人力與資源，也會像「世界島」一樣以失敗告終。

我們個人也是如此。面對複雜的世局，極端的環境變化，我們人生的重要目標與優先性，也要重新的檢視與修正。

積極做好預備的工作

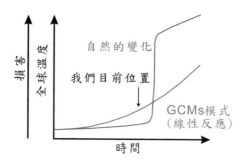

圖 4-17　過去地球自然環境呈現的變化都是跳躍式的表現，我們只有在發生前努力做好準備。

　　地球上所有生物如今都面臨全球氣候暖化的危機。當前最嚴重也最急迫的威脅有：氣候快速變遷、水資源缺乏、糧食不足、熱帶雨林及溼地消失、海洋酸化、海平面上升和生態多樣性遞減等。雖然每一種威脅所造成的破壞都相當嚴重，但累積在一起更會導致全球生態環境加速崩解，使地球上的生物步向滅絕。

　　因此目前人類所面臨的環境危機是空前的；更可怕的是，環境危機發生的速率正在逐年增高，我們可以因應的時間已經越來越短。舉例來說：以當前二氧化碳快速的增加率（每年 2 ppm），我們將會在 2038 年以前達到 450 ppm 的危險臨界值，因應的時間只有 25 年；以現今北冰洋夏季末冰層覆蓋面積快速的消失率（每年 15%），我們將會在 2030 年以前遭遇北冰洋夏季無冰的可怕場景，而可以因應的時間還不到 20 年。這些都來臨得太快了，還不到一代的時間，遠遠超過我們過去的想像。

　　簡單的說，在氣候暖化威脅日增的情境下，每個國家一方面要不斷持續的發展，另一方面也要努力的維持生存。要持續發展，當然要與國際接軌，依照國際相關的公

約而行。在這個方向上，全球化是必要的途徑，也是將全球資源充分利用與交換的一種有效方式。

　　然而，氣候暖化所帶來的衝擊與影響甚鉅，往往超越人類過去的經驗與認識；也就是我們前面的風險非常大，必須要有非常高規格的自我保護機制去作預防。因為，當未來的環境衝擊加大，自然災害的規模與尺度加深，每個國家面對深沉可怕的危機，可能都只能想盡辦法自保，而無暇也無力去支援別的國家。在那個情形下，我們只能夠自立自強。

　　台灣是世界上自然災害風險最高的國家之一，不論是高溫熱浪、颱風、豪大雨、山崩、地滑、土石流，都是常年的威脅；如今地震風險也大幅增高，我們更不能輕忽大意。面對未來更多的災害挑戰，若是沒有做好相應的防災工作，不但會嚴重影響到政府的運作與社會的穩定，衝擊的層面及程度將遠遠超過政治上的紛擾。願我們都不住警醒，以周全的準備迎接未來更嚴酷的災難挑戰。

建設台灣成為方舟島

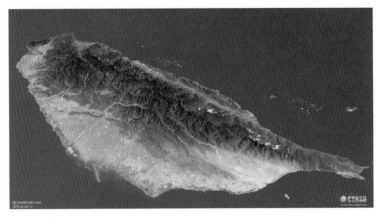

圖 4-18　台灣有如東亞的不沉航空母艦，應該好好的規劃建設。
圖片來源：中央大學太空及遙測中心

氣候變遷對台灣及世界帶來的挑戰是空前的，也是難度極高的，需要我們以全新的思維全力因應。

　　雖然暖化的趨勢已經難以挽回，我們卻沒有耽延的時間，只能勇於面對，力求降低未來可能遭致的更大傷害。未來台灣因氣候日趨極端化，山區及都會區的自然災害頻率增高，而沿海地區卻會因海平面不斷上升而逐漸被淹沒；台灣的外形將會逐漸改變，未來將不再像一個胖胖可愛的地瓜，而會像一根瘦瘦的香蕉。

　　然而台灣先天地形起伏大，超過三分之二的土地的海拔標高在 100 公尺以上。也就是說，就算有一天氣候暖化到南極東大陸都消融的極端情況，台灣仍會有三分之二的土地不會被淹沒，可說是一艘永遠不沉的航空母艦。我們應該利用這個先天的優勢，好好的建設台灣，成為一個方舟島，不但我們自己可以永續發展，還能成為周圍國家的幫助，東亞的燈塔。

　　當前政府應該優先推動的工作，一方面是與世界各國攜手合作，加速減少溫室氣體的排放及替代能源的開發；另一方面必須就氣候極端的變化、海平面上升等即將發生的風險和損失，重新審視我們國家的長期發展策略。例如沿海工業區的遷移、農業生產區的調整、低窪城鄉地區的重新規劃、緊急應變組織的運作等，都是迫切需要推動的課題。

　　氣候暖化已是我們這個世代不得不面對的關鍵議題，不論是知災、防災、避災及救災，都是大家無法逃避的工作與責任。

伍 台灣現今該有的因應

更艱鉅的挑戰

台灣自然災害風險

	洪水	乾旱	颱風	地震	土石流	海平面上升	熱浪	海嘯	火山	風險指數
台北盆地	高	低	高	高	中	高	高	無	高	21
台中都會區	高	中	中	高	高	低	高	無	無	17
台南都會區	高	高	高	高	高	高	中	中	無	22
高雄都會區	高	高	高	高	高	高	中	高	無	23
蘭陽平原	高	低	高	高	高	高	高	高	高	21
屏東平原	高	高	高	高	高	高	中	高	無	21

圖 5-1　台灣各處的災害風險不一，但是至少都有 4 項以上。

台灣災害預警指數(一)

災害等級	豪雨	土石流	淹水	颱風	暴潮	熱浪	交通	停水電
3(警戒)	警戒	警戒	警戒	警戒	警戒	警戒	警戒	警戒
2(危險)	防範	防範	防範	防範	防範	防範	管制	儲水糧一週
1(極危險)	撤離	撤離	撤離	撤離	撤離	撤離	中斷	儲水糧數週

圖 5-2　台灣的短期氣象災害預警指數可以幫助防災及避災的規劃。

台灣災害預警指數(二)

災害等級	乾旱	地震	海嘯	海平面上升	火山	交通	停水電
3(警戒)	警戒	警戒	警戒	警戒	警戒	警戒	警戒
2(危險)	防範	防範	防範	防範	防範	管制	儲水糧數週
1(極危險)	撤離	撤離	撤離	撤離	撤離	中斷	儲水糧數月

圖 5-3　台灣的長期自然災害預警指數也要作完善規劃。

　　面對環境日趨極端變化的重重危機，我們不但要導正過去的錯誤，還必須密切就台灣未來所可能面臨的衝擊與危機，做前瞻性的規劃；更要採取適當有效的對策，以紓緩並扭轉當前不利的情勢，使我們國家能在未來數世紀不斷地朝健康永續的方向邁步發展。

　　氣候變遷對台灣帶來的挑戰是空前的，也是難度極高的，政府、企業及民眾都應該要以全新的思維全力因應。我們前面要面對的艱鉅挑戰有：

　　更極端的氣候變化，如超大豪雨、洪水、乾旱、熱浪；

　　更頻繁的自然災害，如土石流、地震、海嘯、火山；

　　更棘手的海平面上升問題，牽動未來整體的國土規劃。

　　總之，除了常見的狂風、暴雨、熱浪、乾旱以外，地震也是台灣未來的首要大患，因為各處的風險都高，加強預警及做好防範是最好的因應策略。

豐年與荒年

圖 5-4　埃及的金字塔及人面獅身像，數千年來見證歲月的流轉。歷史上的豐年與荒年一直反覆出現，如今更是如此。

在《聖經·創世記》四十一章裡，講了一個埃及法老的夢。法老夢到了七個又肥又壯的牛，被七個又乾又瘦的牛吃掉了；接著又夢到七個又飽滿、美麗的穗子，被後來又細弱又焦黃的穗子把它們給吞食掉。兩個夢其實是一個，強調豐年過後就有荒年。這個故事告訴我們，今天氣候暖化後，我們將面臨的情況，跟當年是一模一樣。

過去台灣經歷了五、六十年的經濟發展，不斷提升生活水準，就像是當年的豐年。因為已有了這些豐年，就要為未來到的荒年做好準備。未來的荒年其實是我們自己造成的，因為氣候的暖化讓我們的糧食、水資源、生態環境各方面遭遇到了非常大的危機。

未來我們所經歷的將會是越來越荒、越來越難過。以前就像股票市場的開低走高，如今將會轉向而開高走低。所以趁現在還在豐富的時候，一定要在豐年預備好。在豐富的時候為未來的缺乏做好預備，這是我們萬萬不可忽略的！

千萬不要死於無知

圖 5-5　台東知本的金帥溫泉飯店在莫拉克豪雨帶來的洪災中倒塌，提醒我
們要注意環境的危機，趨福避禍。

資料來源：圖片取自網路新聞畫面

　　聯合國有一個口號說：「千萬不要死於無知！」

　　無知會帶來不好的結果，首先是不知道害怕。就像一個人，如果不做身體檢查，不知道血壓高、三酸甘油脂不正常、血脂肪濃度太高，就很容易生病，很容易中風，很容易有心臟病。

　　今天地球的環境，真的就像我們身體的狀況已經開始發生變化了，並且開始發病。生病，就像得到了癌症，不是代表絕望。癌症往往不是絕症，它變成絕症是因為：第一，我們不去認識它；第二，我們不去面對它；第三，我們不去治療它，我們也不去改變我們自己。以致最後走上絕境。所以面對氣候暖化，第一個我們不要無知，不要無所懼怕。

　　接著，我們也不要因為地球環境的劇烈變化而過度害怕，時時刻刻活在恐懼中。我們只要知道病徵，對症下藥，按部就班做好環境保育及防災避災的準備，就不會落入這兩

個極端的陷阱裡。

我們要了解，我們的地球環境已經受到很大的傷害，就像家裡面的一個人，突然被診斷出得了癌症。有了癌症怎麼辦？只有靜下心來、認真檢討，然後勇於去面對它。例如世界著名的西班牙男高音凱瑞拉斯，曾罹患血癌，但他接受正確的治療，到現在還是活得非常有活力，帶給世人許多的歡樂。面對氣候暖化也是一樣！我們需要改變我們自己，需要正確的面對它，正確的去應付它。這才是我們應該有的態度。

俗話說：「愚蠢的人，製造疾病；無知的人，等待疾病；聰明的人，預防疾病。」面對氣候暖化，我們也要學習做個聰明人，做好預防的工作；而不要像個無知的人，等待災難的來臨；更不要像個愚蠢的人，還依然故我的製造環境的危機。

解鈴人還要繫鈴人。目前的地球環境好像一個人得了癌症，這當然是個不幸的事實。但是如果因為癌症而開始改變我們自己，改變我們與他人之間的關係，改變我們對世界的態度，縱然最後結局還是面對死亡，這個轉變的過程其實就讓我們無憾了。

一個人口大規模遷徙的世紀

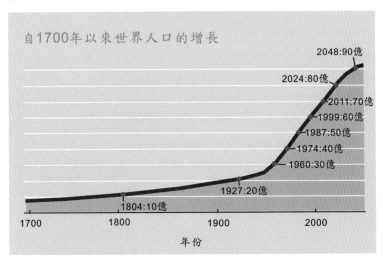

自1700年以來世界人口的增長

2048:90億
2024:80億
2011:70億
1999:60億
1987:50億
1974:40億
1960:30億
1927:20億
1804:10億

1700　　1800　　1900　　2000

年份

圖 5-6　世上人口增長太快，也給地球環境帶來龐大的壓力。
資料來源：重繪自聯合國網頁

圖 5-7　2005 年 8 月底強烈颶風卡崔娜逐步逼近，路易斯安那州紐奧良市政
　　　　府下令數十萬居民撤離，交通頓時堵塞。

2011 年 10 月底，全球人口已經突破 70 億大關，氣

候極端變化加上龐大的人口，地球環境正承受著史無前例的巨大壓力。牛津大學的研究團隊最近發表「遷移和全球環境變化」的報告指出，未來人口大規模遷移和環境快速變化的關係是十分複雜的，所帶來的挑戰都被各國政府嚴重的低估。特別是在亞洲和非洲低海拔的沿海地區和發展快速的城市，是政策制定者應該特別關注的。

由於環境惡化壓力的快速升高，許多民眾將被迫要從環境脆弱的地方向外遷移，雖然絕大部分是在國境內移動，但跨國間的移轉將會不斷增加，這不只為國家和地區政府帶來許多難題，國際機構也要承受難以想像的重擔。

另一方面，英國風險分析公司 Maplecroft 最近也公布了「氣候變化脆弱指數」的調查結果，從人口集中度、開發狀態、自然資源和農業的依賴與衝突等層面評估，依然是非洲和亞洲成長快速的大都市在面臨海平面上升、洪水和其他極端氣候變化影響所承受的風險最高，只有冰島、芬蘭、瑞典等北歐國家的風險較小。因此，環境與人口疊加的負面效應，在開發中國家受到的影響最嚴重，也是未來世界不穩定因素的重要來源。

面對環境風險快速增高，世界各國卻還不能攜手同心的情況下，未來要面對的困難將更加劇，氣候難民及大規模的遷徙問題，是二十一世紀必須面對的艱鉅挑戰，我們已無可迴避，只有做最壞的打算、最好的準備。

面對困境做好各項的因應工作

圖 5-8　台灣已經開始投資建設再生能源開發，以因應低碳能源的壓力，例如附圖的澎湖風力發電系統。

資料來源：經濟部能源局

　　氣候暖化所帶來的改變及對人類文明的影響，是空前的。以台灣而言，僅在百年的尺度內，我們就清楚的觀察到氣溫持續上升，對生態環境所造成的衝擊，超乎過去的想像。地球原本是一個複雜精細的平衡系統，在人類的干擾下，地球正以大氣與海洋激烈運行、水文循環快速變化來回應，試圖將人類所造成的暖化現象消除，回歸原本的自然節奏。然而，在回應過程所造成的跳躍式極端氣候變化，所引起可怕的自然災害，卻是人類難以承受的。

　　氣候暖化的腳步仍然持續，2012 年及 2013 年全球此起彼落的酷寒、高溫與洪災，可說是 2010 與 2011 年氣候災難的延續，再一次提醒我們要加緊作好各項的防備工作。更重要的，所有的建設不但必須用高標準的防災規格去設計，整個生態環境也要用前瞻的眼光進行長遠的規

劃。

　　氣候暖化所帶來的衝擊是人類歷史前所未見，造成的影響更是深遠。大至世界的結局、國家的發展，小至我們個人的前途，都需要我們立即採取正確有效的行動去因應。因此面對氣候持續暖化帶來日漸升高的威脅，我們全國上下必須全力加強前瞻預測、因應減緩、適應調適等三大策略的工作。

　　前瞻預測指的是深入分析氣候變遷對我國環境、基礎設施和生產系統的影響，以作爲減緩和調適策略的重要科學基礎。因應減緩就是加速發展綠能科技，全面調整生活方式，建立節能低碳、充分使用資源的社會。同時加強生態環境的保育，恢復大地的健康體質，不但能保護地球環境，也保護我們身家的健康與個人安全。

　　最後，適應調適就是趨福避禍，盡早遠離易受危害的地帶，遷出未來會被淹沒的海岸區，建立獨立自主性高的新市鎮，加強防災、救災體系的連繫與運作。

　　氣候暖化已是二十一世紀不得不面對的關鍵議題，不論是知災、防災、避災、救災都是我們無法逃避的挑戰與責任。回顧過去，認清現在，才能掌握正確的未來。

　　美國羅斯福總統夫人曾說：「懂多少不重要，做多少才重要。」願我們每個人都身體力行，腳踏實地的從本身做起，從漫無限制揮霍地球能源及資源、追求物質享受的生活方式，回歸到關懷環境、簡樸生活的新生活態度，引導我們的國家社會產生全新的改變，向著健康永續的方向邁步前進！

採取有效的行動

> Be the change you want to see in the world.
> 若希望看到世界改變，就從自己開始。
> (甘地 Mahatma Gandhi)

從自己開始改變。甘地的一句話，影響了世界上許多的人。

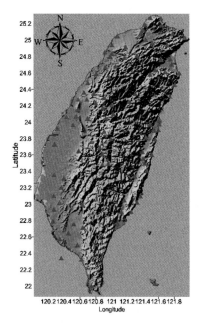

圖 5-9　台灣的觀測系統廣布全島，是防災的重要基礎設施。附圖是台灣的
　　　　強震觀測系統。

　　首先，面對危機，改變思維與觀念，是我們人類最終的盼望。只有我們的改變，減緩環境的惡化，才能促進地球的自癒與修補功能，回復當初美麗的世界。

　　面對氣候持續暖化帶來日漸升高的威脅，未來數個世代都要承受，在這個關鍵的時刻，我們只有義無反顧的去

承擔這個重任與使命。因此，全國上下必須要在觀念上徹底更新，並在策略上全力加強因應。

第二，要強化觀測系統及基礎資料的收集。台灣在過去數十年來，已經逐步建立了氣象、水文、土石流、地震、火山等自然現象的觀測系統，從空中、地表、地下到海洋都廣布設施，是極為重要且珍貴的資訊。我們應該進一步強化這些觀測系統的即時觀測能力，更要積極的將這些資料整合，藉由涵括各領域的專家，作快速及深入的解讀，提供政府、企業、民間在因應自然災害的重要參考依據。

第三，全面推動制度改革、提倡簡樸生活。加速發展綠能科技，全面調整生活方式，建立節能低碳、充分使用資源的社會。「減量消費（Reduce）、重複使用（Reuse）、資源回收（Recycle）」都是力行節能減碳的具體行動，但是具有一個「敬虔尊重」（Respect）的態度更是十分重要，這就是環境保育的 4R 原則。今日我們所遭遇的空前困難，正是過去輕忽地球自然平衡法則的後果。加強生態環境的保育，恢復大地的健康體質，不但能保護地球的環境，也能保護我們身家的健康與安全。

第四，推動全方位的調適防災策略。面對未來一定會有的危險，如氣溫與降雨強度持續增高，海平面逐漸上升，我們一定要趨福避禍，盡早遠離易受危害的地帶，遷出未來會被淹沒的低窪地與海岸區；同時要開始建立獨立自主性高的新市鎮，加強防災、救災體系的連繫與運作。未來的災害既不可免，我們最需要強化的是面對災難的反應能力及速度。對今天的處境而言，趁天災還沒有加劇的時候，我們也必須在目前的平順環境中，為將來可能會有的缺乏先作好預備，以防萬一。

未來數個世紀人類都將對抗全球氣候暖化的衝擊，台

灣當然無法置身事外。我們正處在環境快速變遷的關鍵時刻，已經無法回頭，面對這些外在不利情勢的緊迫發展，我們已經沒有耽延的時間，必須在生態環境保護、國土及水資源管理規劃、各項防災避災的策略上，以更積極的態度去大刀闊斧地因應。台灣的未來，其實掌握在我們自己的手中。

加快新一代綠色技術革命

圖 5-10　台灣的工業技術研究院正在努力開發電動車的技術。
圖片來源：工業技術研究院

　　三十年後，地球將會是完全不一樣的景象：氣溫持續升高、自然災害的損害增加、可以耕種的土地大量減少。世界各國屆時都將被迫嚴格控制碳排放，並削減化石能源的使用。雖然一些經濟富裕的地區仍然可以消費得起高價的石油，但石油將不再是最主要的能源。

　　聯合國最近公布「2011 世界經濟和社會研究：重大綠色技術變革」的報告，沉重指出人類已經處在毀滅地球生態平衡的邊緣，只有創新綠色技術革命快速出現，才能使地球免於毀滅性的可怕災難。而要能逆轉這場災難，全球每年至少需要投資數千億美元以上在綠色技術的研發及推廣上。

「經濟發展」和「永續發展」並非是兩個平行而不可兼得的目標。在低碳經濟下，它們可以是互相補充、互相支持的。

　　由於化石燃料使用的增加，目前地球上一半的森林已經消失，地下水資源面臨枯竭和汙染，生物多樣性遭到破壞，氣候穩定性受到嚴重威脅。然而，全球現在有數十億人口生活在貧困線以下，到二十一世紀中葉還將增加至少2億貧窮人口，我們還是要發展經濟，減少貧窮。

　　現行的商業模式將不再是未來經濟發展的選擇。因為若我們現有的生產方式和消費模式沒有改變，資源枯竭和環境汙染仍將繼續下去。沒有引進巨大的綠色技術革命，人類將無法扭轉生態毀滅的進程，也無法維持現有的生活水準。

　　綠色技術革命包含發展和擴大清潔能源的技術，推動永續農業和林業技術，以及因應氣候變化的基礎設施等，而這一綠色技術革命要在未來 30 至 40 年完成，因此各國政府必須更積極地加快腳步推動。因為 30 年正是一些實驗性能源，如氫能、纖維酒精、潮汐能、生質燃料等技術，從理論轉化為工業化量產的周期。

　　綠色技術革命是人類文明發展和生存的必要手段，它不僅是為了滿足當代人生活的要求，也是為了以後世代的永續生存權益。

防災的新思維

圖 5-11　台灣的國土規劃必須納入氣候變化的威脅，以百年的尺度作長期展望。

資料來源：中央大學太空及遙測中心

　　極端性強降雨及洪水將是台灣未來必須面對的艱鉅衝擊，都會區也是一樣。未來淹水的機率將會大增，排水防洪是困難的工作。建議的因應策略有：

　　一，疏散人口，降低都市密度。

　　二，加強排水防洪，如增闢滯洪池，將現行道路與停車場改建成透水、儲水功能的鋪面。

　　三，地下室及一樓盡量不住人，改成公共空間，必要時可承受淹水，紓緩洪害；重要的機電設施也不要置於地下室或低樓層。

　　四，增加生態池、綠地及森林面積；推廣雨水儲留系統，也就是俗稱的雨撲滿。

　　五，在河川兩側廣設蓄水湖，增加地表逕流的延滯時間，增加河川涵容量。

除了強降雨的衝擊,未來還有熱島效應、海平面上升的威脅。台灣目前都會區及山區,都將受到影響,整個沿海地區的長期規劃,也必須重新定位思考。

命運已定的台北盆地

圖 5-12　台北盆地百年以來的發展已達飽和,面對氣候暖化的威脅,必須疏散及遷移。

資料來源:中央大學太空及遙測中心

台北盆地(包含台北市及新北市)由於天然盆地的地形,以及 1970 年代地層下陷的影響,排水及防洪全靠堤防及抽水站,將都會區內的水排向淡水河外。而未來因海平面上升,台北盆地內的排水基線將不斷抬高,天然的排水梯度降低,排水效率大減。若一旦發生「莫拉克」類型的超大豪雨,台北盆地將會受災慘重。

此外,石門水庫是早期興建的土石壩,強度不高、淤積情況嚴重,若遇上超大豪雨,造成溢堤,不但會路斷橋毀,也會對大漢溪到淡水河沿岸的居民產生重大的危害,造成大範圍的淹水,必須未雨綢繆,規劃預防措施。

以目前海平面上升的速率預估,在半世紀內,台北盆

地的自然排水將會極度困難，不但抽水站不能一刻停擺，能源消耗也將大增，淹水風險又太高，不值得繼續投資。最好的策略，就是及早開始規劃疏散及遷移。

　　台灣最大的困難是人口眾多而土地面積狹小，高效率的充分利用每一寸土地是唯一可行的路徑。全新國土規劃在執行上最大的阻力來自居民不願搬遷；解決的策略是，先建設一個優質環保的新社區、新市鎮，讓大家有更好的選擇，更佳的生活環境，自然就會願意離開危機重重的舊社區，遷到新的市鎮或社區。

 ## 做好未來的方舟計畫

圖 5-13　「末日地窖」是儲存世界各地珍貴種子的儲藏所，也是一個世界級的方舟計畫。

資料來源：http://www.regjeringen.no/en/dep/lmd/campain/svalbard-global-seed-vault.html

　　聯合國有個方舟計畫。2007 年 2 月 26 日北極「末日地窖」於挪威朗葉比鄰近地區正式啓用，地窖中將裝滿全球最重要種子的樣本，其目的在於當遭遇全球災難時，能

成為提供人類食物的「諾亞方舟」。

　　這座地窖在北極偏遠山區的永凍層中挖掘建造，距離北極約一千多公里。地窖由三個寬敞的冷室組成，每個長 27 公尺，寬 10 公尺，形成一個在砂岩與石灰岩中開鑿挖掘而成的三叉狀隧道。這座種子庫可以防禦全球氣候變化、戰爭等自然或人為大災難，保護貯放其中的作物種子，目前已有 100 多個國家參與。

　　台灣行政院農委會農試所與挪威農糧部北歐遺傳資源中心（Nordic Genetic Resource Center; NordGen）於 2009 年 2 月 26 日在挪威的全球種子庫（Svalbard Global Seed Vault; SGSV; http://www.nordgen.org/sgsv/）開幕週年慶祝活動上，共同簽署全球種子庫備份保存計畫協定；台灣將依照協定陸續提供水稻、雜糧、蔬菜等共約 12,000 份種子保存於此種子庫中。

　　這是世界級的預備計畫，我們國家、企業，甚至個人都應該有自己的「方舟」計畫。

各式的生存方舟

圖 5-14　月球方舟是科學家的夢想之一。

資料來源：http://news.nationalgeographic.com/news/bigphotos/47748363.html

圖 5-15　法國著名建築設計師文森特‧卡勒波特（Vincent Callebaut）設計
　　　　了一艘「未來版諾亞方舟」，取名 Lilypads（睡蓮浮城），像一朵
　　　　巨大的睡蓮盛開在海面上，有如浮動的生態城市，可供 5 萬人同時
　　　　居住。

資料來源：http://www.eikongraphia.com/?p=2490

　　繼挪威「末日種子庫」正式啓用後，有些科學家也認
爲，一旦地球遭遇太空星體碰撞、核子大戰或其他致命性
災難，月球將可作爲重建文明的避難所，所以應該積極開
發貯存人類生命、作物、科技和歷史資料的「月球方舟」
（lunar ark）。

　　在 2007 年 8 月於法國史特拉斯堡舉行的一場會議
上，與會者熱烈討論了這類建立月球方舟的計畫，基本構
想是將諸如去氧核糖核酸（DNA）序列和金屬冶煉或種
植作物等資料載入硬碟，將其置放於一個建於月球地表下
的資料庫中，再透過傳輸裝置將資料傳回地球。

　　資料庫建立後，初期將由機器人負責運作，並透過無
線電傳輸與地球聯繫。接著擴大資料庫的內容，納入微生
物、動物胚胎和植物種子等自然物質，甚至加入博物館過
剩收藏之類的文化遺跡。二十一世紀結束前，科學家還希
望在月球上建立有人太空站。

　　除了月球方舟以外，還有俄羅斯一個建築師事務所和
國際建築協會設計出一種「方舟酒店」，它能夠抵禦海平

面上升和氣候變化引發的洪水以及地震等自然災難。自從 2005 年慘遭卡崔娜颶風襲擊之後，美國紐奧爾良市重建工程迄今仍在進行中。一群建築設計師們設想在密西西比河岸建造一座金字塔型的超級生態浮城，這座浮城的英文名稱爲「New Orleans Arcology Habitat」，即「紐奧爾良生態建築棲息地」，縮寫 NOAH，所以該建築又名「諾亞大廈」，面積 3000 萬平方英尺，可容納 4 萬人居住。藉由縱向和橫向的內部電力交通聯繫，基本上消除了對汽車的需要。爲了做到零碳排放，浮城的外立面覆蓋的是太陽能電池板。浮城內裝有被動式太陽房玻璃窗、空中花園空調管道、汙水處理、淡水循環利用及貯存裝置。

　　環境變化的危機日增，時間已非常緊迫，願我們這個世代的人都能裝備好夠用的智慧與力量，加緊推動該作的「方舟」預備工作，爲自己、家人以及國家，在心態及行動上積極做好知災、防災、避災、救災的各項挑戰！

打造自己的方舟城市

圖 5-16　將目前的市區建設成一個都市森林是可以實踐的夢想。圖為台北市的大安森林公園。

117

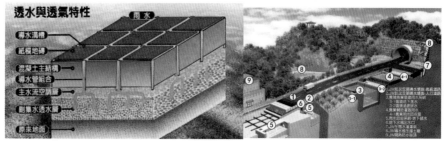

圖 5-17　都市道路下的集水設施，既可防洪，又可抗旱。

資料來源：齊林工程公司

　　全球暖化現象逐漸嚴重，氣候的異常極端現象在世界各地愈來愈明顯，城市的建設將面臨全新的思維與挑戰。它要節能、省碳、抗熱、防洪、防震、公共交通便利。

　　台灣已經有人發明獲得專利的「JW 生態工法」，主要以鋪設高承載、高透水、高透氣鋪面，取代現有人工鋪面如道路、人行道、廣場等。該工法的強度不但可以承載貨櫃重車，又可允許雨水直接穿透鋪面而儲存入下方的碎石層。「JW 生態工法」假若能在都市全面鋪設，可以使都市環境增加大量滯洪空間，從而減緩洪災發生的機會；其碎石層儲存的水，有降溫、補充地下水或抽取利用等功能。更突出的是：「JW 生態工法」鋪面下的土壤能與雨水、空氣自然交流，地下微生物之生態系得以蓬勃成長，並能捕捉大氣汙染物及汽車排放汙染物、抑制霾害的發生。可以把都市的大樓頂部改成空中花園，將都市的道路做成地下儲水庫，一方面減碳、節能，又能解決洪水、乾旱及空氣汙染，是非常有創意的做法。

　　此外，法國建築師愛德華·弗朗索瓦（Edouard François）設計了一座特殊的建築，大樓的植物都直接栽入土壤，如同樓中的叢林。直徑在 4 到 12 釐米的金屬管沿著陽台分散排開，裡面有植物所需的泥土。這棟橢圓形的大樓共有 17 層，被鬱鬱蔥蔥的綠色植物覆蓋，有風吹

過時，呈現出一種山林綠濤般的動態，既美觀又實用。

　　未來我們台灣的都市應該都朝這樣的規劃去設計、建造。

 ## 加強水資源保育及管理

圖 5-18　台灣的水資源是生存的基本資源，要好好保護利用。圖為宜蘭員山鄉的福山植物園。

　　氣候暖化對台灣所帶來的水文極端性升高的趨勢，將使台灣旱澇更頻繁發生，防災工作也相對更棘手。聯合國不斷的提醒世界各國，面對全球暖化，每個國家一定要在能源、糧食、公共衛生、水資源等方面特別加強注意因應，其中水資源更是維繫生存最重要的關鍵項目。

　　展望未來，除了氣候將繼續加速暖化，帶來更極端的天氣變化外，海平面上升更是跨越百年以上的持久威脅，不但將會逐漸淹沒沿海低平的地區，影響產業及身家安全，也會縮減水資源（包括地表水及地下水）的有效使用，因此對台灣衍生的衝擊絕對不能輕忽。

　　面對未來水資源的艱鉅挑戰，我們必須用全新的思維去面對。因此，在下列課題上作好相關的因應與準備，是

我們國家最重要的工作與目標：

一，**開拓多元化的水源，減少浪費。**

要解決未來缺水的問題，除了「開源」以外，「節流」跟「減少浪費」更是管理上重要的考量。因爲如果不節制無謂的支出，提升用水的效率，即使開發再多的水也是不夠的。在開源方面，要推廣雨水儲留系統、開發海水資源、降低海水淡化成本；在節流方面，提高灌溉效率、加強廢水回收使用、建立合理水價及有價水權制度、降低自來水漏水率，都是要努力推動的工作。

二，**加強區域性的水源調配，增設備援的供水系統。**

台灣豐枯雨期的時空分布非常不均勻，未來差異會更惡化，因此利用人爲手段調蓄水資源是十分必要的方式。然而台灣地形起伏複雜，西部地區又已經大規模開發，要仿效以色列或美國加州的作法，建設南北輸水幹線來以豐濟枯，建設期將太長且困難度非常高。因此，分別在台灣北、中、南、東地區，利用現有的灌溉渠道及水利設施，建立區域性的水源調配系統，同時增設備援的供水系統，較爲實際可行。此外，在河流兩側廣設蓄水湖，增加地表逕流的延滯時間，不但增加河川涵容量，又可淨化水質，是另一項可行的方案。

三，**充分利用山麓區河川的伏流水，進行地下水人工補注。**

台灣豐水期的河川流量非常豐沛，然而受到降雨強度及濁度的影響，每年降雨量的整體使用率只有 15% 以下，絕大部分都平白流失，十分可惜。若能大規模開發河川位於山麓區的伏流水（如林邊溪的地下攔河堰），不但水量穩定，水質良好，還可以大幅度提高河川的引用率。同時，利用豐沛的伏流水進行地下水人工補注，是結合地表水及地下水聯合運用的方式，可以充分利用台灣平原地

區地表下目前透支的蓄水空間，加速天然地下水庫的儲存水量，擴大蓄水的效益，延長地表及地下水的使用期，突破蓄水瓶頸及調節水資源的困境。

四，預防海平面上升的衝擊，開始進行沿海低窪區的遷移規劃。

伴隨氣候的長期持續暖化，未來將加速高山冰川及兩極冰原的消融，帶動海平面不停的上升，使沿海低平地區逐一為海水淹沒。海平面上升的影響時間，將比氣溫的上升還要持久。世界銀行最近公布的報告，曾評估海水面若上升 1 公尺，全世界沿海國家都將受到重創。其中最嚴重的前十名國家，台灣就列居其中。

我們正處在一個動盪不安時代的關鍵時刻，也站在一個十字路口，前面是好是壞，其實取決於我們自己的選擇與行動。從現在開始，讓我們懷著更新的心意，積極發揮更多正向的轉化力，一起推動台灣邁向光明又有希望的未來。

 甲烷冰的希望與危機

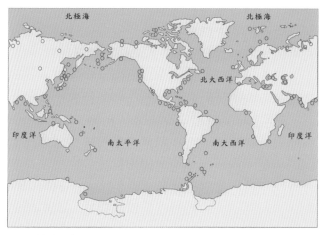

圖 5-19　甲烷冰的世界分布圖。
資料來源：《科學發展》月刊，2007 年 4 月。

　　2012 年 2 月 2 日，日本經濟產業省舉行了一個很特殊的鑽井開幕禮，宣布將在愛知縣渥美半島南方海域展開甲烷冰的鑽井測試工作，這是世界開發潔淨能源供應的一項新里程碑。

　　所謂「甲烷冰」是分布於深海沉積物、高緯度湖泊或極區的永久凍土中，由天然氣（甲烷）與水在高壓低溫條件下，所形成的類冰狀的結晶水合物。因為它的外觀就像一塊冰，而且遇火即可燃燒，所以又被稱作「可燃冰」。

　　自二十世紀 60 年代末期美國科學家在深海底床發現甲烷冰後，許多國家就掀起大規模的甲烷冰研究及探勘的熱潮。到目前為止，已有超過 40 個國家進行了相關的研究工作，甲烷冰的分布地區已達 100 多處。

　　目前估計全球甲烷冰的總儲存量大約有 2 萬兆立方公尺，由於它的能源密度高，燃燒後不會排放硫氧化合物，二氧化碳與氮氧化合物的排放量也比傳統的燃煤及石油低許多，因此被視為二十一世紀最有潛力的替代能源。

　　若日本的開發計畫順利成功，將成為全球首個海底甲烷冰生產區，也為 2011 年福島核災後，日本極為吃緊的能源需求，提供可靠又較潔淨的來源。根據日本近年在東部海域一帶進行調查結果，估計該處海底蘊藏最少 1.1 萬億噸的甲烷冰，相當於日本 12 年的天然氣消耗量。

　　除了日本以外，其他國家也積極進行甲烷冰的開發，例如美國已計劃於 2015 年起進行商業性開採。加拿大自 1993 年在北極地區發現甲烷冰後，2002 年就開始與日本國家石油公司建立廣泛合作關系，進行甲烷冰生產測試。俄羅斯則是第一個成功開採陸域甲烷冰的國家，已從第一個被發現的甲烷冰礦區出產約 30 億立方公尺的天然氣。

　　我國也在 2002 年開始投入相關研究，在西南的高屏外海積極進行探勘，初步發現甲烷冰的分布面積約有 5

千平方公里，儲量有 5 千億立方公尺以上，目前台灣一年天然氣的使用量約為 100 億立方公尺，因此若能開發出來，可供應至少 50 年以上的天然氣使用期。這是台灣可以降低進口能源依賴，減緩未來國際能源危機衝擊，以及確保能源安全的重要資源。

雖然甲烷冰作為能源的潛力非常高，儲量大，又可減緩溫室氣體的排放，前景十分看好，可說是為我們人類帶來新的希望與商機。可是，在環境保育及安全上，它也有可怕的潛在危機。

首先，甲烷冰的分布零散而無一定規律，遠不及傳統煤田及油氣田的集中穩定。因此開採甲烷冰的方法將會非常多元複雜，而海域的開發難度又遠高於陸域，開發費用將會大幅提高。依照目前的技術水準，將海底甲烷冰輸送回陸地所需耗費的能源，可能高於甲烷冰本身可以生產的能源含量，加上開採基礎建設投資龐大，將來是否會得不償失還是個大大的問號。

另一方面，由於甲烷冰的化學狀態相對不穩定，在開採時若處理不慎，可能就在海裡導致甲烷冰大量氣化，洩漏出可觀的甲烷氣體至大氣中，會使得大氣中甲烷的濃度驟增，而加速全球氣候暖化。此外，在海洋中設置大量的開採機器，也無可避免的會破壞海洋的生態，影響當地的環境。

氣候暖化已是當前地球上的首要環境危機，節能減碳是無法逃避的課題。而傳統化石能源經過數百年的大量開發，儲量日減，價格日增，我們不得不另覓乾淨又可靠的能源；可是目前各種再生能源的開發速度太慢，短期內仍然無法取代傳統化石能源。在這個過渡期，甲烷冰真是扮演了關鍵性的角色。

因此，一方面甲烷冰的開發給人類注入新的希望與願

景；另一方面，甲烷冰的高度風險特性又好比一個「潘朵拉的盒子」，我們是不是正在掀開這個可怕的盒蓋？

目前實在沒有答案，我們只有虛心謙卑，懇求上帝賜我們足夠的智慧，謹慎的步步為營，小心防範可能的災禍，並且要好好的珍惜善用在數百萬乃至數億年的悠久時間裡，由無數生物一點一滴累積出來的珍貴資源。

 ## 世界地球日

圖 5-20　每年的地球日活動都在提醒我們好好珍惜地球的生態環境。
圖片來源：地球日網頁，http://www.earthday.org/

2009 年 4 月 22 日，第 63 屆聯合國大會一致通過決議，將每年的 4 月 22 日定為「世界地球日」，實在具有特殊的意義。

第一屆地球日於 1970 年 4 月 22 日在美國各地啟動，開啟了現代環保運動的新頁。1990 年全球有 141 個國家，2 億人參與，締造第一次的國際地球日，也促成各國正視氣候變遷及物種滅絕等重要環境議題。2000 年全球 5 億人參與了地球日活動，並以「千禧年」做為保護地球的轉捩點，顯示環境問題不但成為全球公眾所關注的課題，教會也不再置身事外。

地球原是人類的共同的家園，但由於我們的貪婪自私，對地球造成了嚴重的破壞。生物賴以生存的森林、湖泊、溼地等正以驚人的速度消失；煤炭、石油、天然氣等不可再生的能源因過度開採而逐漸枯竭；能源使用所排放的大量溫室氣體導致全球地表快速升溫，從而引發的氣候極端變化、極地冰原融解、海平面上升等問題，成了人類有歷史以來的最大困難與挑戰。

2011 年以來的澳洲及巴西大洪水、紐西蘭地震、日本強震伴同可怕的海嘯及核災，以及最近在美國南部肆虐的龍捲風，清楚表明地球極端氣候變化所造成的災難，正在加速威脅我們家園的安全，和人類的生存。

舉辦「世界地球日」活動的宗旨是喚起人類愛護地球、保護家園的意識，促進資源開發與環境保護的協調發展。2011年世界地球日的目標是募集十億個具有創意的「綠行動」，台灣的民間環保團體、企業、政府等各界也積極響應，期盼能增加民眾參與綠色議題的關心及認識，擴大在地行動的效應。

2012 年是鐵達尼號遇難一百周年，在大西洋的兩岸及沉船之處都有紀念與追思的活動。1912 年鐵達尼號遭到冰山無情地撞沉，不只是給當時的人們非常震撼的衝擊，也給現今的我們帶來十分深遠的啓示。

龐大豪華的鐵達尼號，代表人類的自信與驕傲，天眞的一直認為擁有的科技能力，可以滿足我們的目標與願望。爲了達成橫渡大西洋速度最快的挑戰，鐵達尼號在航行的過程中，一再的忽略附近有冰山的警訊，只是埋頭前進，最後終於不幸撞上堅硬的冰山，沉沒在冰冷的大西洋底，也犧牲了一千多條的人命。

今天我們的世界就如當年的鐵達尼號，藉著科技的進步，建構一個龐大奢侈的經濟消費體系，要航向人人欽

羨的美式生活目標。在過去的一世紀裡，我們努力發展，
盡力提高生活的水準，卻一再的忽略不停傳達給我們的警
訊：資源快速耗竭、環境日益破敗，全球氣候不住朝暖化
方向演進。另一方面，地球的生態系統正以激烈的方式，
回應環境的失衡，從大氣、海洋到地殼，我們正面對令人
難以招架的極端自然變化。

這個現象顯示，我們正在重蹈鐵達尼號的錯誤。如果
我們再不記取當年的教訓，繼續輕忽地球環境的警訊，前
頭撞上可怕的冰山只是時間的遲早問題，更是人類難以想
像的災難。

一年一度世界地球日是環境盛事，然而紀念地球日不
單只是一個環保嘉年華活動，而是讓更多的人都警醒，一
起加入保護地球環境這個行列，無論我們地球日活動的內
容多寡或是期限長短，最重要的是：每一天都是愛護地球
的日子，每個人都應該投身參與。

開始改變自己

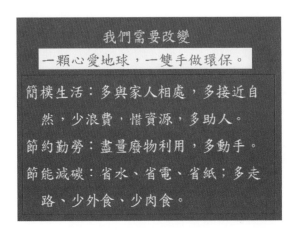

我們真的要改變，而且要從我們自己改變開始。我們

的心要改變，我們的行動要改變。

我們要生活簡樸，要在生活態度上節約勤勞，在生活的行動上節能減碳。在生活的細節上面，一直不斷的操練我們自己，不要怕麻煩！出門的時候帶一雙衛生筷，帶一個環保杯，帶一個購物袋，作一些可以幫助我們環境的行動；這些是我們自己生活上應該有的態度。但是這還不夠！

> **政府及企業也需要改變**
> 溫室氣體減量及徵收能源稅的立法工作。
> 推動節約能源、開發再生能源、提升能源效率。
> 發展智慧電網。
> 增加糧食自給率，研發抗高溫、抗旱作物。
> 提升公共衛生防護及醫療體系的應變能力。
> 革新水資源的開發及使用策略。
> 全面推動長期國土規劃及落實環境保育工作。

我們也要告訴政府要改變，告訴我們的企業也要改變！

政府的立法措施，長遠的規劃方針都要把握住正確的方向、擬訂正確有效的行動。我們的企業也要改變。企業不只是賺錢而已！企業要顧慮到我們的環境，顧慮到社會的責任，同時還要去扶助需要扶助的人。

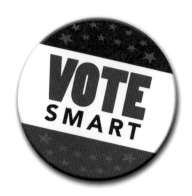

圖 5-21　善用鈔（選）票做個維護環境的聰明消費者。

圖片來源：http://www.tele-smart.com/blog/vote-for-me-pleeeeeeeze/

　　台灣幾乎每年都有選舉，每一個二十歲以上的人都有資格去投票。但是我們每一天都可以有投票的工作，用什麼呢？用我們的鈔票；每一個人身上的鈔票，就是我們的選票。

　　我們用鈔票去選擇要買的商品，去選擇可以消費的商店；藉著我們消費行為去告訴那些生意人，我支持你；或者，告訴這些生意人說，我不支持你；當企業產品對環境不友善，對我們的國家沒有利的時候，我們就拒絕買這些產品，讓鈔票來幫忙我們擇優汰劣。

　　所以每一次的消費都是去做一個選擇，都是去做一個投票的行為。請大家一定要有一個好的智慧，知道做最好的、最有智慧的消費方式。

地球會正面的回應

圖 5-22　地球一直努力維持生態系統的平衡，也有強大的修復力。
資料來源：美國國家航空暨太空總署

今天我們看見氣候暖化所帶來的危機，真是非常深遠。每一個人看到心裡都覺得很可怕，未來的場景非常的驚人，但是所有這些描述的危機，都忽略了兩件事情。第一，我們人所能帶來的改變，是沒有辦法用科學的數據去描述的。人的犧牲，願意釋放出來的愛，可以改變非常多，所以我們千萬不要忽略自己的力量！當我們願意改變的時候，整個世界的改變就會非常快。

第二，則是地球強大的修補能力。地球不斷的想辦法，把我們人類所闖的禍害盡量降低，它現在用各樣的方式，把我們增溫的效果緩和下來。地球的維生系統，有非常好的修補和自我癒合的能力。現在我們需要先改變自己，讓這個地球可以發揮修補、回復的能力，可以快速的啓動，把我們所將要經歷的危險情況，扭轉過來。這是人類的盼望，而這個盼望就在乎我們自己。如果我們願意改變，未來真的有光明的前景。如果沒有改變的話，我們只好承受我們自己所犯的錯誤。

掌握我們自己的未來

圖 5-23　若我們現在努力掌握正確方向，就有光明的未來。

　　《史記》卷一百五的〈扁鵲倉公列傳〉記載了一段春秋時期神醫扁鵲的故事。內容大意是：有一次，扁鵲路過齊國，齊桓公以貴客之禮接待扁鵲。扁鵲入朝見到齊桓公就誠懇的說：「君有疾在皮膚表面，如果不治就會很麻煩。」桓公說：「我沒有啊。」扁鵲出去後，桓公對左右人說：「醫生都是要錢的，沒病的都會說你有病。」

　　過了五天，扁鵲見到桓公，說：「君的病已到了血脈，若不治療就會惡化。」桓公說：「寡人沒病。」扁鵲出去後，桓公很不高興。再過了五天，扁鵲又見到桓公，又勸說：「君的病已經到了腸胃間，再不治療會更嚴重。」桓公依然不理他。扁鵲離開後，桓公更不高興了。又過了五天，扁鵲遠遠看見了桓公，一反前幾次苦苦相勸的態度，轉過頭就退而離去。

　　桓公覺得奇怪，派人去詢問原因。扁鵲說：「一個人如果疾病位置是在皮膚表面，湯熨一下就可以治好；進到血脈，用鍼石也可以治好；進到腸胃，用酒醪方法也可以

治癒；但如過蔓延到骨髓，就無可奈何了。現在桓公的病已進到骨髓，我已經沒有治療的良方了。」過了五天，桓公真的病倒，趕緊派人去召扁鵲來，可是扁鵲已經逃離了齊國。不久，桓公便病死了。

司馬遷記述的這個故事非常生動，卻忠實的反映出我們當前面對氣候暖化的態度，就如同當年齊桓公一樣的頑固傲慢：一而再，再而三的輕忽 IPCC 歷次的忠諫，從開始的第一份報告到現在，我們已經白白浪費了二十年以上的時間，如今暖化所造成的衝擊已經演變成非常的棘手。若我們還是不肯反躬自省，認真面對地球暖化的病情，又不接受專家的勸告強力推動節能減碳，並且還不願改變自己的生活方式，繼續破壞地球環境，那麼我們未來的結局其實已經非常清楚。

《聖經·箴言書》二九章 1 節：「人屢次受責罰，仍然硬著頸項；他必頃刻敗壞，無法可治。」往者已矣，來者猶可追。近數十年來接連發生令人忧目驚心的天災，實際上就是地球環境系統正逐漸惡化所發出的一連串警訊。天災的規模越來越大，次數越來越頻繁，正是不斷提醒我們要趕緊省悟與悔改，並立即以謙卑謹慎的態度來進行生態環境的保育工作。面對日益緊迫的警報笛聲，我們當以什麼樣的態度來因應呢？是像齊桓公一般硬著頸項不肯面對嚴重病情呢？還是如《聖經·路加福音》裡的浪子，在困境中終於「醒悟過來」，毅然回頭改過，重新回復安居快樂的生活（《聖經·路加福音》十五章 11-32 節）？

英國文學家狄更斯在他的名作《雙城記》的首頁上，有這麼一段話：

　　那是最美好的時代，那是最糟糕的時代；

那是智慧的年頭，那是愚昧的年頭；

那是信仰的時期，那是懷疑的時期；

那是光明的季節，那是黑暗的季節；

那是希望的春天，那是失望的冬天；

我們都在奔向天堂，我們也都在奔往相反的方向。

是的，如今我們正站在這個十字路口，前面的路程的確是危機重重；然而，我們的未來是好、是壞，我們的夢是天堂、還是地獄，完全取決於我們現在正確的決定與及時有效的行動。讓我們大家一起努力！

國家圖書館出版品預行編目資料

當快樂腳不再快樂：認識全球暖化／汪中和
著. -- 二版. -- 臺北市：五南, 2017.09
　　面；　公分

ISBN 978-957-11-9305-2(平裝)

1.地球暖化 2.全球氣候變遷 3.環境保護

328.8018　　　　　　　　　　106012562

RE38

當快樂腳不再快樂：
認識全球暖化

作　　　者 — 汪中和（54.7）

發 行 人 — 楊榮川

總 經 理 — 楊士清

主　　　編 — 王正華

責任編輯 — 金明芬

封面設計 — 簡愷立、姚孝慈

出 版 者 — 五南圖書出版股份有限公司

地　　　址：106台北市大安區和平東路二段339號4樓

電　　　話：(02)2705-5066　傳　　　真：(02)2706-6100

網　　　址：http://www.wunan.com.tw

電子郵件：wunan@wunan.com.tw

劃撥帳號：01068953

戶　　　名：五南圖書出版股份有限公司

法律顧問　林勝安律師事務所　林勝安律師

出版日期　2012年 7 月初版一刷
　　　　　2014年 5 月初版二刷
　　　　　2017年 9 月二版一刷

定　　　價　新臺幣250元

※封面圖片提供：汪道勤，copyright from Xpec（樂陞科技公司）※